钻井作业HSE核心提示

徐非凡 王 勇 主编

石油工业出版社

内 容 提 要

本书从安全管理、安全基本防护、环境保护管理、职业健康管理、行为安全管理和物态安全管理等方面，介绍了钻井作业HSE的核心内容。对钻井作业HSE重点内容进行了提炼，梳理并分析了典型的违章和隐患，辅以核心提示宣传语和漫画，生动直观，具有很强的针对性、实用性和可操作性。

本书适合广大从事钻井作业的人员阅读使用。

图书在版编目（CIP）数据

钻井作业HSE核心提示 / 徐非凡，王勇主编. —北京：石油工业出版社，2017. 4
ISBN 978-7-5183-1693-9

Ⅰ.①钻… Ⅱ.①徐… ②王… Ⅲ.①油气钻井 Ⅳ.①TE2

中国版本图书馆CIP数据核字（2016）第302170号

出版发行：石油工业出版社
　　　　　（北京安定门外安华里2区1号　100011）
网　　址：www.petropub.com
编 辑 部：(010) 64523553　图书营销中心：(010) 64523633
经　　销：全国新华书店
印　　刷：北京晨旭印刷厂

2017年4月第1版　2017年4月第1次印刷
880毫米×1230毫米　开本：1/32　印张：6.375
字数：160千字

定　价：40.00元
（如发现印装质量问题，我社图书营销中心负责调换）

　　健康、安全与环境（HSE）关系人们的生命财产安全、社会的和谐稳定、家庭的和睦幸福以及企业的生存和发展。随着石油钻探行业的发展，机械化、智能化程度越来越高，现场变得更加复杂，需要人员具备更专业、更系统的 HSE 管理知识。某石油钻探企业员工 HSE 素质抽样调查显示：41% 的人不理解安全生产方针，不掌握安全管理方法、风险辨识工具；52% 的人不清楚劳保、设备和技术防护的重要作用，被动接受防护；17.26% 的人基本不掌握环境保护、职业健康方面的知识等。因无知、无能、无畏导致的事故事件占总事故事件的87.2%。因此，学习并掌握 HSE 管理知识是减少伤害和财产损失最有效、最经济、最快捷和最迫切的办法。

　　本书从安全管理、安全基本防护、环境保护管理、职业健康管理、行为安全管理、物态安全管理等方面，介绍了钻井作业人员应掌握的安全管理知识、方法及工具，应具备的劳保、设施和技术的基本防护，应知晓的环境影响、常见未然及预防措施、职业健康基础管理知识和管理措施，应重点掌握的行为安全、物态安全管理核心，并梳理了典型的违章和隐患，逐项进行危害分析，制定防控对策。

本书提炼了钻井作业 HSE 的核心内容，系统全面，重点突出；以朗朗上口的打油诗敲响 HSE 管理的警钟；大量生动有趣的漫画，使读者直观地感受到与自身休戚相关的安全环保细节。本书具有较强的针对性、实用性和可操作性，适合广大从事钻井作业的人员阅读使用。

　　由于编者水平有限，书中疏漏和错误在所难免，敬请读者批评指正。

编者

2017 年 1 月

CONTENTS
目录

第一章

安全管理

安全管理是企业生产管理的重要组成部分，是一门综合性的系统科学。安全管理的对象是生产中一切人、物、环境的状态管理与控制，是一种动态管理。安全管理，主要是组织实施企业安全管理规划、指导、检查和决策，同时又是保证生产处于最佳安全状态的根本环节。

基本原则

在安全管理上，应熟知安全管理基本原则，掌握安全管理核心提示及安全管理"六诀"、"六需"。

安全管理基本原则核心提示

安全管理重于山，方法手段最关键；

措施制度人为先，提前预防避风险；

全员参与齐抓管，分析改进补短板；

违章隐患分级管，上下一心保安全。

一、安全管理"六诀"

第一诀：以人为本

现代的安全管理理念，首先要将员工的生命安全放在第一位，当人身安全与经济利益或其他安全发生冲突时，要无条件地服从人的生命安全，这是人本文化的基础。在钻井作业中，要把人的生命视作企业安全管理的第一需要，注重劳动者劳动条件的改善、职业疾病的防治、生产环境的优化、生产工具和设备的技术进步，确保人员安全的各项措施的落实。

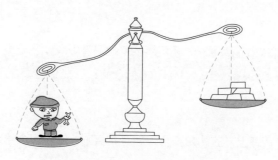

黄金有价人无价，人身安全事最大

管理者不得进行违章指挥，强令人员进行冒险作业

第二诀：安全第一

安全是人类生存发展最基本的需求和价值目标，没有安全，一切都无从谈起。安全第一，就是要坚持人民群众的生命财产安全，特别是生命安全高于一切。在处理保证安全与发展生产的关系问题上，始终把安全放在首位，坚决做到生产必须安全、不安全不生产，把安全生产作为不可逾越"红线"。

安全生产"红线"不可逾越

第三诀：预防为主

　　安全生产任何时候都不允许"试错"，必须未雨绸缪，防患于未然，把工作的重心放在预防上。

安全不放松，时刻敲警钟

设备隐患是事故的温床，违章作业是事故的根源

第四诀：全员参与

众人划桨开大船。划桨靠的是众人之力，安全靠众力才能安全，人尽其力，人尽其责，才能使生产之船安全远航，安全到达生产的彼岸。因此，所有人员必须参与风险辨控，必须相互沟通、提示和纠正不安全行为。

全员参与风险辨控

相互沟通、提示和纠正不安全行为

第五诀：持续改进

安全管理必须坚持以问题为导向，定期分析评估，动态查漏补缺，才能持续提升安全环保管理水平。

安全管理的短板限制了管理的高度

第六诀：综合治理

　　随着社会经济的快速发展，生产经营活动面临的情况错综复杂，稍有疏忽就会酿成事故，且事故后带来的破坏性越来越大，因此必须综合应用法律、经济、行政等手段，人管、法管、技防等多管齐下，发挥社会、员工、舆论的监督作用，从责任、制度、培训等方面着力，形成标本兼治、齐抓共管的格局，切实做到安全在手，幸福长久。

安全在手，幸福长久

二、安全管理"六需"

第一需：安全需要自觉规范自己的行为

行为规范和安全形同两兄弟。

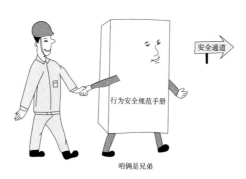

安全通道

行为安全规范手册

咱俩是兄弟

行为规范和安全形同两兄弟

第二需：安全需要团体的合作、相互的监督

负好三种责任：我的安全我负责，他人安全我有责，单位安全我尽责。

安全标兵表彰大会

负好三种责任

第三需：安全需要制度的约束

在作业现场，应明确安全监管人员职责，制定安全管理规范、制度，并对照制度严格地执行，违反安全法规，就要受到惩罚。

安全监督做钟馗
六条禁令是法宝
手持利剑严执法
违章隐患刀下魂

快逃！
钟馗来啦！

六条禁令

安全监督、六条禁令不可或缺

教训

安全法规

违章作业

违章指挥

违反安全法规必受罚

第四需：安全需要亲情的感化

在日常生产中，亲人的鼓励和叮嘱往往更加有效。

安全

妻子多鼓励

母亲的期盼

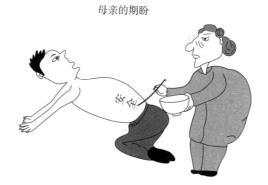

父母常叮嘱

第五需：安全需要时刻警惕，一秒也不能放松

在作业前、作业中都要保持良好的心理、身体状态，对危险后果保持高度的警惕性。

决不能酒后上岗，需要时刻管住自己的嘴。

喝掉的是"安全"

时刻管住自己的嘴

工作中，要注意自己的站位，劳保防护时刻穿戴好，需要时刻保护好自己的手和脚。

安全出于警惕　事故出于麻痹

时刻保护好自己的手和脚

第六需：安全需要正确的认知

各级管理者要重视安全，掌握系统的、专业的安全知识。

安全生产不能对牛弹琴

　　不能一味地追求自己的利益，被金钱冲昏了头脑。要认识到安全基础的重要性，以身作则，深入现场，亲力亲为，组织和参与各项安全活动，提供人、财、物和组织保障，筑牢安全基础。

　　把员工的安全培训作为安全管理的一个基础性、长期性的工作来抓。

抓好安全工作
实现强国梦想

迟到的安全教育

出了事故再去教育，为时已晚

对安全正确的认知不仅仅是管理者的事情，作为员工，也要树立"红线"意识，在制度规定的范围内规范自己的行为。在安全面前，任何人都没有特权，不得闯安全红灯。更不能运用自己的特权，受到利益的诱惑，透露公司的安全管理相关信息。

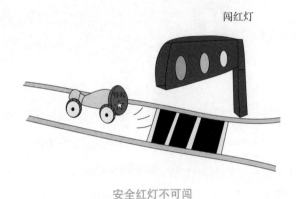

安全红灯不可闯

管好手中权

管理方法

有效的安全管理方法能够极大地提高安全管理效果，一个企业的安全管理水平很大程度上体现在系统的、科学的管理方法上。优秀的管理方法能够调动各级部门、各级管理者、员工的积极性和责任心，能够促进各级安全责任的落实。管理方法至少包括"有感领导"、"直线责任"和"属地管理"。

一、有感领导

有 感 领 导 核 心 提 示

> 有感领导七带头，安全理念常宣贯；
>
> 制度规章严遵守，安全行动计划先；
>
> 行为审核现场看，安全讲课教规范；
>
> 辨控风险最关键，分享案例长经验；
>
> 提高能力转观念，引领员工养习惯。

各级领导要带头履行安全职责，模范遵守安全规定，以自己的言行展现对安全的重视，让员工真正看到、听到和感受到领导在关心员工的安全，高标准地践行安全，使员工真正感知到安全生产的重要性，感受到领导做好安全的示范性，感悟到自身做好安全的必要性，进而影响和带动全体员工自觉执行安全规章制度，形成良好的安全生产氛围。

有感领导必须做好"七个"带头：

（1）带头宣贯 HSE 理念。

带头宣贯HSE理念

（2）带头学习和遵守 HSE 规章制度。

带头学习和遵守HSE规章制度

（3）带头制订和实施个人安全行动计划。

带头制订和实施个人安全行动计划

（4）带头开展行为安全审核。

带头开展行为安全审核

（5）带头讲授安全课。

带头讲授安全课

（6）带头识别危害、评价和控制安全风险。

带头识别危害、评价和控制安全风险

（7）带头开展安全经验分享活动。

带头开展安全经验分享活动

二、直线管理

直 线 管 理 核 心 提 示

> 安全管理抓直线，人人都将责任担；
> 管好工作管安全，九项原则记心间；
> 业务职责分界面，事事面面有人管；
> 绩效考核把关严，责任体系促安全。

直线管理必须抓好"七个责任"：

（1）各级领导对分管部门、单位或个人的安全工作进行直接管理，并负管理责任。

（2）遵守总体原则："谁管工作，谁管安全"。

（3）各级主要负责人对本单位安全工作负全面责任，研究审查安全工作计划，抓好安全生产责任制落实，抓好重大隐患整改，深入安全审核点检查指导。

（4）各级分管领导对分管业务范围的安全管理工作负直接责任，分析把握分管业务的安全形势，检查督促隐患整改，督促落实安全防范措施。

（5）各级机关职能部门对分管业务范围的安全管理工作负直线责任，全面履行分管业务范围内的安全职责。

（6）各级安全管理部门安全生产负综合管理责任，做到宣贯到位、检查到位、咨询到位、考核到位，建立事事有人管、层层有人抓的安全生产责任体系。

（7）各级监督部门对安全生产负监督责任，做到宣传、培训、提示、纠正和制止到位。

三、属地管理

属 地 管 理 核 心 提 示

> 按岗职责划属地，属地责任分清晰；
> 外来人员要警惕，设备查看要仔细；
> 区域风险莫小觑，管理责任要谨记；
> 违章隐患急处理，预防措施放第一。

属地管理是指属地责任人遵循"谁的区域，谁负责"的原则，对属地内的人、设备、环境等按要求进行管理。各级主要领导是属地管理的第一责任人，员工是岗位区域内的属地责任人，外来人员进入属地必须接受属地主管的管理。员工不履行属地管理责任是严重失职，单位应将属地管理责任履行情况纳入岗位 HSE 业绩考核范畴。HSE 管理部门要定期对辖区内各组织的属地管理开展情况进行审核。

属地管理必须落实"五个负责"：

（1）负责做好属地内"标准化现场、标准化岗位、标准化操作"的建设。

（2）负责对属地设备设施进行日常维护保养，确保性能和质量完好。

（3）负责对外来人员（含承包商员工）进行风险告知。

（4）负责对隐患进行整治，对违章进行纠正和报告。

（5）紧急情况时负责职责范围内的应急处置。

第三节 管理系统

安全管理系统化运作直接影响着企业的安全管理效率，系统化程度越高，企业对风险防控的能力越强，安全文化也能深入人心。安全管理系统至少包括：制度标准系统、培训系统、绩效系统，这"三大"系统为基础性管理系统，它们互相作用、互相支撑、互为一体。

一、 制度标准系统管理

制 度 标 准 系 统 管 理 核 心 提 示

> 安全管理效果好，制度标准少不了；
>
> 制定修改对国标，广开言路慎定稿；
>
> 评审修订定期搞，切合实际最有效；
>
> 全员培训都知晓，规范管理是首要。

制度标准系统管理要求"六个必须"：

（1）制度、标准必须满足国家法律法规和上级规定的要求。

（2）制度、标准的制定必须广泛征求意见，进行可行性分析后方可发布。

对制度、标准的制定，组织骨干人员进行讨论、分析

（3）制度、标准发布后，必须全面组织培训。

对全员进行制度、标准的宣贯

（4）所有的制度、标准必须为现行有效版本。

该遵守哪个？？？

所有的制度、标准不得同时出现两个版本

（5）制度、标准必须定期评审和修订。

（6）作废的制度、标准必须标识或及时销毁。

作废的制度、标准盖上"作废"印章

二、培训系统管理

培 训 系 统 管 理 核 心 提 示

安全培训是大事，全员参与莫轻视；

理论知识切现场，事故案例来警示；

风险工具要通晓，岗位演练提素质；

计划落实有考核，抓好培训你我事。

培训系统管理要求"六个必须接受"：

（1）各级领导都必须接受 HSE 培训和再培训。

（2）安全生产主要领导、主管领导、安全总监（副总监）、HSE专（兼）职管理人员、HSE 管理体系审核员等，必须接受相应的取证培训和再培训。

（3）特种作业人员、作业人员、驾驶人员等，必须接受相应资质的取证培训和再培训。

现场作业前再培训

（4）所有员工必须接受单位组织的 HSE 培训，培训合格后统一颁发 HSE 培训合格证。

（5）新员工、离岗和转岗员工必须接受厂（处）、车间（队）和班组三级 HSE 培训。

入场HSE培训

（6）对外来人员、承包商和其他临时入场人员必须接受属地责任人的风险告知或必要的 HSE 培训。

培训工作落实"五个要"：

（1）各单位要编制培训矩阵，按照岗位需要，制订培训计划，组织针对性 HSE 培训。

（2）各单位要按要求建立各自的培训师队伍，报培训管理部门备案。

（3）各单位培训时，要使用经公司评审发布的标准课件。

（4）各单位要保留员工培训的相关资料，建立员工培训档案。培训结束，及时发放"员工继续教育证书"。

（5）各单位要定期对领导培训下属的情况组织考核，对各组织的 HSE 培训管理情况开展审核。

三、绩效系统管理

绩 效 系 统 管 理 核 心 提 示

指标设定要合理，权重分配细考虑；

激励有效促积极，大会表决合民意；

考核流程理清晰，认真落实要严厉；

定期公示排异议，如实兑现强有力。

绩效系统管理落实"三个要求"：

（1）总体管理要求：过程性指标和结果性指标相结合，"突出过程，奖罚并重"。

（2）通用管理要求：单位应建立过程指标、结果指标和否决性指标，并逐级分解，层层签订 HSE 责任书，建立 HSE 审核管理规范。依据指标进行定期考核，并将考核结果及时公布，并与考核对象提前沟通。考核相关考核资料，并妥善保存。

（3）基层单位绩效管理要求：基层单位应制订切实可行的全员 HSE 绩效考核实施细则，并对所有员工进行宣贯。考核由队干部、大班、司钻等岗位人员组成的考核小组负责，考核结果定期公布。

公平公正，严格考核

第四节

相关概念

安全管理有其独特的名词术语，这些词语高度地概括了安全管理的方法、要求、信息、理念等。掌握和理解这些词语的概念，对抓好安全管理有着至关重要的作用和意义。

一、HSE 管理相关概念

1. 三同时

生产经营单位新建、改建、扩建工程项目（以下统称建设项目）的安全设施，必须与主体工程同时设计、同时施工、同时投入生产和使用。安全设施投资应当纳入建设项目概算。

2. 三不伤害

不伤害自己，不伤害别人，不被别人伤害。

3. "三全"原则

安全管理要求的"三全"原则指全员、全过程、全方位管理。

4. 本质安全

通过设计等手段使生产设备或生产系统本身具有安全性，即使在误操作或发生故障的情况下也不会造成事故。

嘿嘿，自动缩回真安全

电梯的自动防夹功能

5. 六大禁令

为进一步规范员工的安全行为，防止和杜绝"三违"现象，保障员工生命安全和企业生产经营的顺利进行，中国石油天然气集团公司颁布了反违章禁令，具体如下：

（1）严禁特种作业无有效操作证人员上岗操作。

没有电气焊证，不得进行电焊作业

（2）严禁违反操作规程操作。

没有遵守砂轮机操作规程的要求，戴好护目镜

（3）严禁无票证从事危险作业。

没有办理作业许可，不得进行电焊作业

（4）严禁脱岗、睡岗和酒后上岗。

井控坐岗期间离开岗位

上班期间睡觉

（5）严禁违反规定运输民爆物品、放射源和危险化学品。

车辆不具备拉运资质

（6）严禁违章指挥、强令他人违章作业。

强令没有作业资格证的人员进行临时接电

二、事故、事件相关概念

1. 事故

造成死亡、人身伤害、健康损害、损坏或其他损失的意外情况。例如：人员未戴安全帽，站在井架下方，被销子砸中头部，当场死亡。

人员未戴安全帽，站在井架下方，被销子砸中头部，当场死亡

2. 事件

发生或可能发生与工作相关的健康损害或人身伤害（无论严重程度），或者死亡的情况。

3. 损工事件

因工作受伤，导致下一工作日无法工作的情况（下一工作日适逢节假日、计划性休息或休假时，应按休假后的第一个工作日能否正常工作为准）。例如：人员摔倒，脚部轻微扭伤。

人员摔倒，脚部轻微扭伤

4. 限工事件

因工作受伤，导致下一工作日只能做其部分工作，或不能工作一个完整班次的情况。例如：炊事人员切伤了手指，第二天安排其择菜。

厨师切伤手指，第二天安排其择菜

5. 医疗事件

需由专业医护人员进行治疗的伤害事件，并且不影响下一班次的工作。例如：作业人员头部轻微碰伤，但未影响正常上班。

作业人员头部轻微碰伤，但未影响正常上班

6. 急救箱事件

仅需一般性处理，不需其他专业医疗治理的情况。例如：办公时手被小刀割伤，仅需包扎处理。

办公时手被小刀割伤，仅需包扎处理

7. 未遂事件

未产生人身伤害、健康损害、损坏或其他损失的事件。例如：井架销子掉落在作业人员侧面，未造成人身伤害。

井架销子掉落在作业人员侧面，未造成人身伤害

8. 事故预防

采用技术和管理等措施以避免事故的发生。例如：对旋转部位加装防护网。

对旋转部位加装防护网

9. 四不放过

事故原因未查清不放过，责任人员未处理不放过，整改措施未落实不放过，有关人员未受到教育不放过。

10. 事件树

以逻辑和图表方式组织和描述的潜在事故的分析工具。事件树首先从识别潜在初始事件开始，然后将初始事件引发的后来的可能事件（考虑安全措施）放在事件树的第二层。这个程序持续下去，形成从初始事件到其潜在结果的路线或场景。

11. 故障树

把系统中许多可能发生或已发生的事故作为分析点，将导致顶上事故的原因事件按因果逻辑关系逐层列出，用树形图表示出来，从而构成的一种逻辑模型。

12. 生产安全事故分级

根据事故造成的人员伤亡或者直接经济损失，事故分为以下等级：特别重大事故、重大事故、较大事故、一般事故。例如：井喷事故多人中毒死亡。

井喷事故多人中毒死亡

特别重大事故：造成 30 人以上死亡，或者 100 人以上重伤（包括急性工业中毒，下同），或者 1 亿元以上直接经济损失的事故。

重大事故：造成 10 人以上 30 人以下死亡，或者 50 人以上 100 人以下重伤，或者 5000 万元以上 1 亿元以下直接经济损失的事故。

较大事故：造成 3 人以上 10 人以下死亡，或者 10 人以上 50 人以下重伤，或者 1000 万元以上 5000 万元以下直接经济损失的事故。

一般事故：造成 3 人以下死亡，或者 10 人以下重伤，或者 1000 万元以下直接经济损失的事故，具体细分为三级。

13. 一般事故分级

一般事故按照损失大小依次分为一般事故 A 级、一般事故 B 级、一般事故 C 级。

一般事故 A 级：造成 3 人以下死亡，或者 3 人以上 10 人以下重伤，或者 10 人以上轻伤，或者 100 万元以上 1000 万元以下直接经济损失的事故。

一般事故 B 级：造成 3 人以下重伤，或者 3 人以上 10 人以下轻伤，或者 10 万元以上 100 万元以下直接经济损失的事故。

一般事故 C 级：造成 3 人以下轻伤，或者 10 万元以下 1000 元以上直接经济损失的事故。

14. 轻伤

损失工作日低于 105 日的失能伤害。

注：失能伤害指不能从事原岗位工作的伤害。

15. 重伤

相当于表定损失工作日等于和超过 105 日的失能伤害。

16. 直接经济损失

因事故造成人身伤亡及善后处理支出的费用和毁坏财产的价值。

17. 间接经济损失

因事故导致产值减少、资源破坏和受事故影响而造成其他损失的价值。其统计范围包括：停产、减产损失价值，工作损失价值，资源损失价值，处理环境污染的费用，补充新职工的培训费用，其他损失费用。

18. 直接责任

不履行或者不正确履行自己的职责，对事故发生起决定性作用的责任。

19. 主要领导责任

对直接主管的工作不负责任，未履行或者未完全履行职责，对事故的发生负直接领导责任。

20. 重要领导责任

对应管的工作（包括对下属单位监管）或者参与决定的工作未履行或者未完全履行职责，对事故的发生负次要领导责任。

21. 百万工时统计

每百万工时发生的事故（事件）、造成的人员伤亡、损失工时的频率。主要包括百万工时总可记录事件率、百万工时损失工时率、百万工时损失工时伤害事故率、百万工时死亡事故率、百万工时事故死亡率等。百万工时统计范围包括企业在册员工、临时员工和项目承包商。统计的项目主要有工时、总可记录事件和损失工时。总工时系指员工工作时间的总和。工作时间分实际工作时间和暴露工作时间。暴露工时系指从事野外施工作业，包括居住在野外临时生活区的时间，每人每天按 24 小时统计。

22. 火灾分类

根据物质燃烧特性把火灾分为五类：

A 类火灾：固体物质火灾，这种物质往往具有有机物质，一般在燃烧时能产生灼热的灰烬，如木材、棉、毛、麻、纸张火灾等。例如：营房内床单着火。

营房内床单着火

B 类火灾：液体火灾和可熔化的固体物质火灾，如汽油、煤油、柴油、原油、甲醇、乙醇、沥青、石蜡火灾等。例如：柴油罐着火。

柴油罐着火

C 类火灾：气体火灾，如煤气、天然气、甲烷、乙烷、丙烷、氢气火灾等。例如：LNG 罐着火。

LNG罐着火

D 类火灾：金属火灾，如钾、纳、镁、钛、锆、锂、铝镁合金火灾等。

E 类火灾（带电火灾）：物体带电燃烧的火灾。例如：VFD 房着火。

VFD房着火

三、风险、违章、隐患相关概念

1. 风险

失效概率和失效后果的结合。在某些情况下，风险就是指与期望（值）的偏离。概率和后果量化后，风险就是两者的乘积。

2. 风险识别

找到、列出和描述风险的过程，包括源、事件、后果、概率。

3. 风险评价

比较风险与给出的风险标准，以确定风险程度过程。风险评价可以用来确定是接受风险还是削减风险。

4. 危害因素

一个组织的活动、产品或服务中可能导致人员伤害或疾病、财产损失、工作环境破坏、有害的环境影响或这些情况组合的要素，包括根源和状态。

5. 危害因素辨识

识别健康、安全与环境危害因素的存在并确定其特性的过程。

6. 安全

免除了不可接受风险的状态。

7. 不安全状态

能导致事故发生的物质条件。

8. 不安全行为

能造成事故的人为错误。

9. 不符合

未满足要求。可以是对下述要求的任何偏离：有关的工作标准、惯例、程序、法律法规要求等；健康、安全与环境管理体系要求等。

10. 纠正

消除已发现的不符合。

11. 纠正措施

为消除已发现的不符合或其他不期望情况的原因所采取的措施。采取纠正措施是为了防止再发生。

12. 预防措施

为消除潜在不符合或其他不期望潜在情况的原因所采取的措施。采取预防措施是为了防止发生。

13. 三违行为

违章指挥、违章作业、违反劳动纪律。

14. 重大危险源

长期或者临时地生产、搬运、使用或储存危险物质，且危险物质的数量等于或超过临界量的单元，以及其他存在危险能量等于或超过临界量的单元；单元指一个（套）生产装置、设施或场所，或同属一个工厂的且边缘距离小于 500m 的几个（套）生产装置、设施或场所；临界量指对于某种或某类危险物质规定的数量。

15. 事故隐患

生产区域、工作场所中，存在可能导致人身伤亡、财产损失或造成重大社会影响的设备、装置、设施、生产系统等方面的缺陷和问题。

风险控制工具

风险控制工具是按照一种科学有效的方法、一种固化的模式、一套规范的流程，来识别、分析、发现作业现场中的风险因素，达到有效管控风险的目的。掌握风险控制工具的核心，并在现场有效地运用，能够极大地提升现场管理水平。

一、工作安全分析

工作安全分析核心提示

> 作业之前先分析，经验人员要参与；
> 分析对象要单一，步骤分解要合理；
> 风险辨识人人议，制订措施要具体；
> 责任划分要清晰，控制危害是目的。

工作安全分析是事先或定期对某项工作任务进行流程划分，对流程中的重点过程进行分析，识别和评估潜在的风险，并根据评估结果制订和实施相应的控制措施，最大限度消除或控制风险的方法。一般适用于新的作业、非常规作业、承包商作业、改变现有作业方法、评估现有的作业程序等。

工作安全分析实施"四个步骤"：

（1）成立小组：组员包括该项作业相关人员以及熟悉工作安全分析方法的人员。

（2）任务分解：将工作任务分解成 3 ~ 7 个关键步骤。

（3）风险识别：识别出每个关键步骤中的风险。

（4）制订措施：对识别出的风险进行评估，根据危害程度制订控制措施，并明确责任人，将风险降低到可接受的范围。

二、作业许可

作 业 许 可 核 心 提 示

高危作业须监管，作业许可第一关；

措施到位票据填，报给高岗现场验；

高岗慎重审批权，逐条验证把字签；

作业实施要旁站，纠正违章控风险；

任务完成要收摊，关闭票据存档案。

作业许可是对非常规作业、高危作业进行许可，识别、评估和控制作业风险的一种风险管理方法，通过执行作业许可程序控制关键活动和任务的风险和影响。

作业许可完善"四个内容"：

（1）单位应建立、实施和保持作业许可程序。

（2）规定作业许可的申请、批准、实施、变更与关闭流程。

（3）掌握作业许可内容，包括风险分析（如工作前安全分析）、风险控制措施（如能量隔离等）和应急措施，以及作业人员的资格和能力、监督监护、审批及授权等。

（4）明确需要办理作业许可的作业内容，如动火作业、受限空间内作业、临时用电作业、高处作业等危险性较高的作业。

三、安全观察与沟通

安 全 观 察 与 沟 通 核 心 提 示

> 安全观察与沟通，全员参与多互动；
> 五步流程要弄懂，六步动作互尊重；
> 全面观察六内容，及时纠正善沟通；
> 报告分析为改进，奖励机制须推动。

安全观察与沟通是对员工作业行为进行观察，以确认安全规定是否得到执行，再通过与员工沟通，就如何安全作业达成共识的一种安全管理方法。

对不安全行为及时制止

在作业现场，要有计划或随机地重点观察人员的"六个方面"：人员反应、人员位置、个人防护、工具与设备、程序与规程、作业环境。

四、变更管理

变 更 管 理 核 心 提 示

> 现场变更需警惕，按章行事要谨记；
>
> 依标分类第一步，同类替换不考虑；
>
> 危害识别是核心，直线申请谨审批；
>
> 变前沟通是必须，跟踪验证莫忘记。

变更管理是指对工艺技术、设备设施、人员、设计、管理等的永久性或暂时性变化进行有计划的控制，以避免或减轻对安全生产的不利影响。

变理管理实施"五个内容"：

（1）确定提议的变更。

（2）对变更及其实施可能导致的健康、安全与环境风险和影响进行分析，并制订相应措施。

（3）提议的变更应当经过授权部门或人员的批准。

（4）对变更实施程序采取控制措施。

（5）跟踪验证、沟通和培训、信息更新等变更后续管理。

五、个人安全行动计划

个 人 安 全 行 动 计 划 核 心 提 示

> 个人计划有意义，有感领导好载体；
>
> 分析现状找差距，行动内容切实际；
>
> 直线审核看仔细，突出行动和周期；
>
> 督促落实放第一，跟踪考核促管理。

个人安全行动计划的"两层含义"：

（1）个人安全行动计划是各级领导、管理者基于岗位职责相关的 HSE 目标、指标，就关键的 HSE 任务、实施的频次和完成时间所制订的行动计划。

（2）个人安全行动计划是落实有感领导、直线管理、属地管理的有效载体，是领导、管理者参与 HSE 管理过程的行动指南，落实个人安全行动计划是践行领导承诺的具体体现。

个人安全行动计划要公示于众，接受员工监督

六、作业前安全会

作 业 前 安 全 会 核 心 提 示

> 施工之前安全会，配合作业皆适宜；
>
> 辨识风险为前提，任务分工要交底；
>
> 互动沟通是必须，方法流程要合理；
>
> 坚持不懈养习惯，平平安安是福气。

作业前安全会做好"四个讲清"：

（1）讲清任务：有哪些工作。

（2）讲清分工：谁负责，怎么负责。

（3）讲清做法：程序、流程、配合。

（4）讲清风险及控制措施：说明存在风险，会出现哪些意外，如何进行防控。

作业前安全会参会人员一般为值班干部、HSE 监督、大班人员以及岗位作业人员。

对作业人员进行有效的讲解

七、安全经验分享

安全经验诚可贵，及时分享强意识；

良好表现需借鉴，反面典型定措施；

原因分析讲透彻，防范措施要落实；

对比现场一反三，立即排查早防治；

前车之鉴后事师，警钟长鸣莫轻视。

安全经验分享是将工作安全方法、安全经验和教训，利用各种时机在一定范围内进行讲解，使安全工作方法得到应用，安全经验得到推广，事故教训得到分享的一种安全培训方法。

通过多媒体电视对员工开展分享活动

八、上锁挂签

> 危险能量识别全，上锁隔离挂标签；
>
> 锁具锁点不能乱，隔离效果要测验；
>
> 监护人员要旁站，严防死守危险源；
>
> 作业完毕解锁前，沟通联系避风险。

上锁挂签的目的是为强化能量与物料的隔离管理，防止危险能量和物料意外释放造成伤害。在检维修作业中，它是实现能量隔离、降低安全风险的有效手段。

上锁挂签应落实"五个关键步骤"：辨识、隔离、上锁挂签、确认、试验。

检维修作业中对控制气源进行上锁挂签

第二章

安全基本防护

生产作业中，有效的防护能够有效地避免或减轻伤害，甚至避免意外情况的发生。做好安全防护是安全管理中最基本的要求，安全防护包括劳保护具、安全防护设备设施以及技术手段等。本章主要介绍钻井作业现场常用的基本防护。

劳保防护

劳保防护用品能够有效防止或减轻员工在生产过程中的事故伤害和职业危害，它包括一般劳动防护用品和特种劳动防护用品。单位应该按照相关规定，给员工配备齐全的、合格的劳保用品，并督促员工正确佩戴。

劳 保 防 护 核 心 提 示

劳保护具是个宝，安全防护很有效；

按标配备不可少，规范穿戴最重要；

进入岗前检查到，报废标准要记牢；

使用爱惜管理好，关键时刻把命保。

一、佩戴要求

（1）进入钻井作业现场，要规范佩戴安全帽、穿好工衣、劳保鞋，戴好手套和护目镜。

进入作业现场须穿戴好劳保护具

（2）进行燃烧、切割、电弧焊接作业时，或者可能因强光或热辐射导致眼部伤害的地方，必须佩戴相应的焊工防护面罩。

（3）进行敲击、砂轮机等可能有铁屑飞溅的作业，必须佩戴护目镜。

操作砂轮机应佩戴防护眼镜

（4）在喷漆、加化工料时，作业人员要佩戴呼吸防护用具（口罩、防护面罩等）。

粉尘较大的场所要注意防尘

（5）在噪声环境区域作业时，必须佩戴听力保护装备（耳塞、耳罩、防噪声安全帽）。

噪声环境区域作业须佩戴听力保护装备

（6）在测量钻井液性能、进行用电、焊切割作业时，应佩戴相应的防护手套（在旋转机械操作人员操作设备时不得戴手套）。

佩戴相应的防护手套

（7）在搬运、配置钻井液添加烧碱作业时，必须穿戴橡胶围裙。

配浆劳保应齐全

（8）电工作业人员应穿戴绝缘防护鞋，现场作业人员应穿戴带足指防护的劳保鞋。

按照规定，正确穿戴防护用品

电工作业应穿戴带足指防护的劳保鞋

（9）安全帽应戴正、戴牢，系好下颌带，不可反戴，不可将其他帽子戴在安全帽里面。

（10）安全帽不得坐、压。

应认识到安全帽的真正用途

（11）工衣应扣齐扣子，不得卷起衣袖、裤管。

着装必须规范

二、管理要求

（1）单位应为员工提供满足安全生产要求的劳动防护用品，并监督、教育员工按照使用规则佩戴、使用。

（2）劳动防护服装应"四统一"：统一性能、款式、颜色、标识。

（3）安全帽寿命为 30 个月（从生产日期算起）。

（4）安全帽经过严重冲击后必须更换，安全帽本体不能进行修补。

（5）禁止在安全帽上钻孔等改造。

（6）护目镜必须为树脂等不易破碎、爆炸的材质。

（7）电工、焊切割手套不得有破损。

（8）工衣不得二次裁剪、改装，袖口、领口完好。

（9）劳保鞋防护钢板挤压变形后必须更换。

设施防护

安全防护设备（设施）包括安全带、差速器、二层台逃生装置以及正压呼吸器等，它能够在一定程度上防止或减轻人员在突发情况下的伤害，它是最后的"保命"屏障，用好安全防护设备（设施）至关重要。

设施防护核心提示

安全设施和设备，风险部位要配置；

规范使用莫轻视，方式方法要熟知；

日常检查重落实，定期检测是强制；

冒险作业莫尝试，筑牢屏障实打实。

一、设施配备

（1）在配浆区、钻台区等眼部可能受到化学品伤害的场所，应安装洗眼器，并确保水质达到饮用水标准。

在配浆区应安装洗眼器，并确保水质达到饮用标准

（2）现场必须配备全身式安全带，供高处作业、临边作业时使用。

现场必须配备全身式安全带，供高处作业、临边作业时使用

（3）在需要作业人员上下攀爬的场所，必须配备差速器。

上下攀爬的场所必须配备差速器

（4）在井架等设置直梯的地方应设置直梯攀升保护器（防坠落装置）。

在井架等设置直梯的地方应设置防坠落装置

（5）二层台应设置紧急逃生装置、钻台应设置逃生滑道。

二层台应设置紧急逃生装置

（6）作业现场根据井控要求，配备足够数量的正压式空气呼吸器和呼吸器压缩机。

井控要求配备足够的空气呼吸器

（7）根据井控要求配置固定式气体检测仪和便携式气体检测仪。

配备便携式气体检测仪

（8）循环罐上应设置液面报警仪，在坐岗期间，报警上下限设置符合井控管理要求。

循环罐上应设置液面报警仪

（9）设备旋转部位必须安装护罩、隔离网。为达到防止指尖误通过的要求，防护罩的开口宽度，即直径及边长或椭圆形孔的短轴尺寸应小于 6.5mm，安全距离不小于 35mm。

设备护罩在设备运转时不能打开

（10）在配电房电气接线 / 出线端安装绝缘防护板。

在配电房电气接线/出线端安装绝缘防护板

（11）在钻台、循环罐等平台上加装防护栏。

在钻台、循环罐等平台上加装防护栏

二、设施使用

（1）高处作业时，必须佩戴安全带，且高挂低用：尾绳系挂在作业点上方的牢固构件上，不得系挂在有尖锐棱角的部位。

高处作业必须系好安全带

（2）在需要频繁更换挂点的地方作业时，必须采用双尾绳安全带，人员在走动时，保证至少有一条尾绳可靠系挂。例如：拆卸井架时，人员始终保持一条安全带尾绳挂在井架生命线上。

必须采用双尾绳安全带

（3）差速器必须配合全身式安全带使用，每次使用前必须进行强制性检查。

（4）进入任何有毒或浓烟环境、缺氧环境作业时，应使用正压式空气呼吸器。

严　禁　烟　火

有毒空间勿冒险，防护到位再施救

（5）设备检修时需要临时拆除防护罩、隔离网，本体检修结束后，应及时恢复。

不及时恢复安全网，可能造成生命危险

（6）人员不得从防护栏上翻越、攀爬；在搬迁作业时，先拆除设备最后拆除防护栏；安装时，优先安装防护栏。

不可从循环罐栏杆上翻越

（7）安全防护不得随意拆除。

钻机过卷阀不能拆除

三、设施管理

常用防护设施检查可参考下表。

装备名称	保质期 年	检查、检测方法
安全帽	2.5	（1）使用前进行外观检查，发现异常提前报废。 （2）强制报废标准：受到严重冲击，出现变形或破损，超出保质期
正压式空气呼吸器	15	（1）检测周期：碳纤维缠绕气瓶每三年一次，其他附件每年一次。 （2）日常检查：每周进行一次例检，使用前必须进行强制性检查。 （3）使用完，面罩用50%酒精溶液进行消毒处理
安全带	3~5	（1）日常检查：每周由单位进行一次例检；使用前必须进行强制性检查，发现异常应提前报废。 （2）强制报废标准：受到严重冲击后，出现破损或附件缺失，超出保质期等
差速器	3~5	（1）日常检查：每周由单位进行一次例检；使用前必须进行强制性检查，发现异常应提前报废。 （2）强制报废标准：受到严重冲击后，出现破损或附件缺失，钢丝绳回缩不灵活，缓冲效果不佳，超出保质期等
固定式气体检测仪		每年由资质部门进行一次检测
便携式气体检测仪		每半年由资质部门进行一次检测

技术防护

　　技术防护是通过配备检测、监测装置，设置联锁机构，及时中断设备运行中的意外情况，增强设备的本质安全性能，来预防和防止安全事故的发生。

技 术 防 护 核 心 提 示

> 本质安全是首选，技术防护来加强；
> 意外风险要防范，机构联锁设屏障；
> 使用之前测性能，技术参数莫迷茫；
> 多重防护搞预防，安全生产护好航。

一、配备要求

　　（1）游动系统必须安装有防碰装置：插拔式防碰天车、过卷阀；电动设备还应有电子防碰。

定期对过卷阀进行测试，确保有效

（2）所有电气线路中应装设漏电保护器，且型号相匹配。

（3）在所有压力容器上必须加装安全阀，在钻井泵上安装泄压阀，安全阀在检定有效期内，整定值与压力容器工作压力匹配。

（4）进入钻井现场作业的吊车，必须安装力矩限制器、行程限制器，且完好、有效。

（5）远控房与钻机应有联锁保护，即现场应安装关井防提升装置。

（6）作业现场执行统一的 TN-S/TN-C-S 系统接地。

（7）井场内凡涉及设备运行及用电安全的金属构件，采用总等电位连接。

二、使用要求

（1）每次起下钻必须调试好插拔式防碰天车、过卷阀。

司控房

插拔式

每次起下钻必须调试防碰天车

（2）每月对漏电保护器进行一次测试，并记录检查情况。

（3）钻井泵上泄压阀每周保养一次，每月进行一次解体保养。

三、管理要求

（1）安全阀每年必须有具备资质的单位进行检测、校验。

（2）进行搬迁作业后，应先按照标准对井场线路进行安装、布局，各保护装置、接地情况符合要求后方可进行通电。

（3）插拔式防碰天车必须按照说明书技术要求安装，确保角度、位置、拉绳型号等符合要求。

（4）对技术防护的相关装置，做好基本的防护，在冬季施工时，防止其本身或与其相关的附件因冻结失效。

第三章

环境保护管理

　　环境是经济社会可持续发展的基础，关系民众身体健康。当前，我国部分地区环境污染较为严重、生态平衡遭到破坏，已成为全面建成小康社会的突出短板之一。钻探企业，如果不对环境加以保护，会带来较大的影响，做好环境保护是我国的基本国策，是企业应尽的职责。

环 境 保 护 核 心 提 示

> 工业污染要遏制，环保意识要提高；
>
> 清洁生产要做好，现场管理少不了；
>
> 变废为宝好处多，保障措施需配套；
>
> 节能减排抓实效，技术创新最重要。

第一节 基础管理

一、相关概念

1. 环境

影响人类生存和发展的各种天然的和经过人工改造的自然因素的总体，包括大气、水、海洋、土地、矿藏、森林、草原、湿地、野生生物、自然遗迹、人文遗迹、自然保护区、风景名胜区、城市和乡村等。

2. 环境因素

一个组织的活动、产品或服务中能与环境发生相互作用的要素。

3. 清洁生产

不断采取改进设计、使用清洁的能源和原料、采用先进的工艺技术与设备、改善管理、综合利用等措施，从源头削减污染，提高资源利用率，减少或者避免生产、服务和产品使用过程中污染物的产生和排放，以减轻或者消除对人类健康和环境的危害。

4. 环境污染和破坏事故

按照《国家突发环境事件应急预案》（国办函〔2014〕119号）的有关规定，根据人员伤亡、财产损失、环境污染、生态破坏、社会危害等情况划分为特别重大环境事件、重大环境事件、较大环境事件、一般环境事件。它是特别重大环境事件、重大环境事件、较大环境事件、一般环境事件的总和。

5. 特别重大环境事件

凡符合下列情形之一的，为特别重大环境事件：

（1）发生30人及以上死亡，或100人及以上中毒（重伤）。

（2）因环境事件需疏散、转移群众5万人以上，或直接经济损失1000万元以上。

（3）区域生态功能严重丧失或濒危物种生存环境遭到严重污染。

（4）因环境污染使当地正常的经济、社会活动受到严重影响。

（5）利用放射性物质进行人为破坏事件，或1类、2类放射源失控造成大范围严重辐射污染后果。

（6）因环境污染造成重要城市主要水源地取水中断。

（7）因危险化学品（含剧毒品）生产和贮运中发生泄漏，严重影响人民群众生产、生活。

（8）发生在环境敏感区的油品泄漏量超过100t，造成严重污染的事故。

6. 重大环境事件

凡符合下列情形之一的，为重大环境事件：

（1）发生 10 人及以上、30 人以下死亡，或 50 人及以上、100 人以下中毒（重伤）。

（2）区域生态功能部分丧失或濒危物种生存环境受到污染。

（3）因环境污染使当地经济、社会活动受到较大影响，疏散转移群众 1 万人以上、5 万人以下。

（4）发生 1 类、2 类放射源丢失、被盗或失控。

（5）因环境污染造成重要河流、湖泊、水库及沿海水域大面积污染，或县级以上城镇水源地取水中断。

（6）发生在环境敏感区的油品泄漏量为 15 ～ 100t，以及在非环境敏感区油品泄漏量超过 100t，造成重大污染的事故。

7. 较大环境事件

凡符合下列情形之一的，为较大环境事件：

（1）发生 3 ～ 9 人死亡，或 50 人以下中毒（重伤）。

（2）因环境污染造成跨地级行政区域纠纷，使当地经济、社会活动受到影响。

（3）发生 3 类放射源丢失、被盗或失控。

（4）发生在环境敏感区的油品泄漏量为 1t 及以上、15t 以下，以及在非环境敏感区油品泄漏量为 15 ～ 100t，造成较大污染的事故。

8. 一般环境事件

凡符合下列情形之一的，为一般环境事件：

（1）因环境污染造成跨县级行政区域纠纷，引起一般群体性影响。

（2）发生 4 类、5 类放射源丢失、被盗或失控。

（3）发生在环境敏感区的油品泄漏量为 1t 以下，以及在非环境敏感区油品泄漏量为 15t 以下，造成一般污染的事故。

二、环境保护"六项基本管理"

1. 施工作业全过程全方位落实措施

（1）在钻井作业中，从钻前准备、钻井计划、现场作业和完井搬迁过程中，全方位做好环境保护措施，可参照 SY/T 6629—2005《陆上钻井作业环境保护推荐作法》。

循环罐区域铺设防渗布，做好防渗措施

（2）作业施工前，应进行环境评价，对原始环境的破坏尽可能小，在钻井设计中，应充分考虑环境因素，优化施工方案，制订污染预防措施，减少污染源。

2. 做好自然资源保护"四个要点"

（1）保护水资源，尽量减少水资源消耗，做到循环使用。

（2）减少土地占用，减少对植被的破坏和影响，作业后最大可能地恢复原有地貌和植被。

（3）保护野生动植物及其栖息地，禁止追杀、捕猎、惊扰野生动物。

作业周边设置警示牌，警示员工保护野生动物

（4）在风景名胜区、自然保护区作业，必须经风景名胜区、自然保护区管理部门同意，遵从环保部门的各项工作要求。

3. 落实清洁化生产"五项具体措施"

（1）不断改进设计。

（2）使用清洁的能源和原料。

（3）采用先进的工艺技术与设备。

（4）改善管理，从源头削减污染，提高资源利用效率。

（5）综合利用，减少或避免生产过程中污染物的产生和排放。

4. 废弃物管理"三个必须"

（1）废弃物必须分类收集、集中处理，危险废物（有毒、有害）必须交有资质的机构处置。

（2）各类废物处理设施必须正常运转。

（3）废水、废气必须达标排放。

5. 污染物泄漏控制"四个必须"

（1）单位必须制订各类污染物泄漏控制措施。

（2）发现泄漏应立即报告，及时控制和处置。

（3）可能发生泄漏的部位、泄漏物可能通过的地面及废物的收集、储存、处理设施，都必须采取防渗措施。

（4）作业现场必须做到清污分流，防止山洪、雨水、地下水等进入废物收集处理设施。

第二节 　　　　环境影响

　　钻井作业中，需要用到化工料、钻井液、各种油料，在生产过程中，产生的废气、废液、废渣如果不加以控制，对环境会造成一定的影响。

一、化工料、钻井液

　　现场常用的化工料，需要进行下铺上盖，不得直接接触地面。

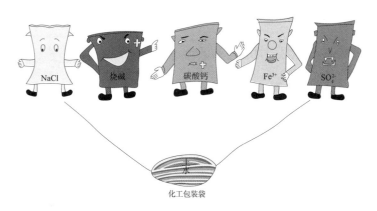

化工包装袋

加完料的化工包装袋随意丢弃，袋中的化工料会对土壤造成一定的影响

　　化工料、钻井液带来的影响主要有：

　　（1）NaOH，$CaCO_3$，Fe^{3+}，SO_4^{2-}，NaCl 影响地下水、地表水的 pH 值。

　　（2）聚合物丙烯腈、丙烯酰胺、丙烯酸具有毒性。

（3）Cr^{3+} 具有毒性，对环境和人体都有影响。

（4）盐水钻井液、油基钻井液污染水体。

二、废油

按照《国家危险废物名录 (2016)》规定，废机油、液压油属于危险废物。现场跑、冒、滴、漏都会造成影响。

废油管理不善，倾倒撒落在地面上

废油带来的影响主要有：

（1）污染水体导致水体缺氧。

（2）废油中所含氯、硫、磷、重金属离子具有很强的毒性。

（3）极难降解。

三、废气

废气的产生源主要是机房区域。

发电机排出废气

废气带来的影响主要有：

（1）烃类、二氧化碳、氮氧化物、硫化物污染大气。

（2）可通过呼吸道和皮肤进入人体后，长期低浓度或短期高浓度接触可造成人体的呼吸、血液、肝脏等系统和器官暂时性和永久性病变。

四、废水

清洗设备用水是现场最大的废水源，这些水中往往含有废油、化工等。

冲洗吊卡产生废水

废水带来的影响主要有：

（1）含有废油、重金属盐类、难降解的有机物。

（2）对水资源和土壤造成持久性污染。

（3）对动物、植物、微生物等均产生危害。

五、固体废弃物

固体废弃物包括脏手套、油毛毡、化工袋子、柴油机滤芯等工业垃圾和矿泉水瓶、食品包装袋等生活垃圾。

各种垃圾，不可回收

纸箱

汽水瓶

生活废弃物分类摆放、回收

生产和生活中产生的垃圾

固体废弃物带来的影响主要有：

（1）垃圾露天堆放会使大量氨、硫化物等有害气体释放，严重污染了大气。

（2）严重污染水。

（3）侵蚀土地造成土地退化。

（4）钻井岩屑中含有各种化工成分，会对地下水等造成污染。

（5）其他影响。

六、噪声

噪声源主要是设备的运转，尤其是柴油机和发电机的噪声。

机房区域噪声

噪声带来的影响主要有：

（1）暂时性听阈位移。

（2）永久性听阈位移。

（3）对神经系统、内分泌系统、心血管系统、对消化系统等均会造成不良影响。

常见污染及预防措施

作业现场应对常见的污染提前进行预防，做好基础防护措施。本节主要对九种常见污染进行了描述，制订了措施。

（1）化工未下铺上盖，直接接触土壤，或下雨时被雨水冲刷。

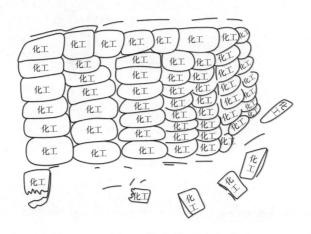

化工区无防渗措施

预防措施：化工材料集中摆放，包装袋完好，堆放区垫高出周围地面，采用防渗膜上盖下垫，靠井场外侧面打好围堰，防止雨水冲刷流出井场。

（2）钻井液从钻井液池泄漏或溢出井场。

预防措施：钻井液池严禁挖在垫方上，施工时，设置一定的边坡比；

使用前，钻井液池要铺设符合要求的防渗布，接缝严实，无破损；钻井液池液面与池平面要保持一定高度的空容，边沿设置围堰防止雨水流入钻井液池。

（3）泵房区域、钻台下及地面钻井液、油污渗入地下。

预防措施：井口、泵房四周地面进行硬化处置，设置专门的排水沟，及时对钻井液、油污进行回收；钻机等底座下方做好防渗措施。在清洗设备时，严格控制好用水量，所有污水收集至污水坑，集中回收处置。

（4）施工表层漏失钻井液。

预防措施：严格执行表层施工技术方案；下导管封堵表层；施工过程中要注意观察钻井液返出情况，加强井场周围巡视，严禁漏失情况下不封堵而强行钻进。

（5）井场雨水夹杂油污流出。

预防措施：井场四周设置排水沟、泄洪渠和防溢堤，坡路直接进入井场的道路要分段设置大弧度导洪沟，储备好防洪物资，落实防洪措施，防止大量雨水流入井场内。

（6）油料溢出到井场。

预防措施：机油、液压油、柴油罐下铺设防渗布并设置围堰；经常检查油罐闸阀、管线完好性，接头处使用标准卡箍扎紧；加强动力设备的维护保养，对跑、冒、滴、漏现象要及时治理。

（7）更换的机油、液压油随意倾倒、掩埋处理。

预防措施：设置废油回收桶，将废油集中存放；在处置时，根据施工技术要求将废油添加到钻井液中或拉运至废品收购站。

（8）工业垃圾、生活垃圾随意丢弃。

预防措施：加强环保宣贯，提高员工环保意识；设置工业垃圾、生活垃圾回收装置，统一上交至当地有资质的垃圾处理机构处理。

（9）夏季井场道路，车辆通行时扬尘弥漫；岩屑洒在井场或被雨水冲刷至井场。

预防措施：根据气候状况，定时给道路、井场洒水降尘。钻井产生的岩屑及时清理，统一存放至指定的地点，对指定地点的防渗措施定期进行检查、维护。在雨季，要提前准备，便于及时对岩屑进行遮盖，防雨水冲刷。

第四章

职业健康管理

职业健康管理包括职业病防护、职业健康检查与评价、作业场所的职业病危害因素检测与评价、职业健康档案管理等。职业病具有不可逆转性，难以根治，并会造成部分劳动者永久性丧失劳动力，但通过提前预防和有效的管理，是可以预防的。国家和企业都制定了相关制度、措施，做好职业健康管理，给员工一个安全的作业环境，意义深远。

职 业 健 康 管 理 核 心 提 示

管理机构须设置，配备专职和兼职；

制度规程要落实，危害因素要告知；

危害项目要申报，建设抓好三同时；

职业卫生要重视，定期评测比数值；

健康体检要及时，职业健康同防治。

第一节　基础管理

做好职业健康管理的第一步是要掌握管理核心，理解相关概念，了解相关法律法规，也只有落实了这些基础性管理，才能真正管好职业健康。

一、相关概念

1. 职业病

企业、事业单位和个体经济组织（以下统称用人单位）的劳动者在职业活动中，因接触粉尘、放射性物质和其他有毒、有害物质等因素而引起的疾病。

2. 职业病危害因素

劳动者职业活动中可能在作业场所接触到的粉尘、化学性毒物、物理因素、生物因素等可能导致职业病的各种有害因素。

3. 职业病危害工作场所

存在职业病危害因素的劳动者进行职业活动的所有地点。

4. 生产性粉尘

在生产过程中产生的能较长时间浮游在空气中的固体微粒。

5. 劳动防护用品

由生产经营单位为从业人员配备的，使其在劳动过程中免遭或者减轻事故伤害及职业危害的个人防护装备。劳动防护用品分为特种劳动防护用品和一般劳动防护用品。特种劳动防护用品目录由国家安全生产监督管理总局确定并公布，未列入目录的劳动防护用品为一般劳动防护用品。

6. 特种劳动防护用品安全标志

确认特种劳动防护用品安全防护性能符合国家标准、行业标准，准许生产经营单位配发和使用该劳动防护用品的凭证。特种劳动防护用品安全标志由特种劳动防护用品安全标志证书和特种劳动防护用品安全标志标识两部分组成。

7. 劳动防护服装"四统一"

统一性能、款式、颜色、标示。

二、职业健康管理范围

（1）职业健康和劳动保护管理包括：职业病防护、职业健康检查与评价、作业场所的职业病危害因素检测与评价、职业健康档案管理等。

（2）职业健康检查及监护对象包括：从事接触噪声、粉尘、有毒有害气体、酸、油等有害因素作业或对健康有特殊要求的作业人员。

（3）作业场所职业病危害因素检测对象包括：可能损害职工健康的噪声、粉尘、辐射等危害因素。

三、用人单位职业病危害防治八条规定（安监总局令第76号）

（1）必须建立健全职业病危害防治责任制，严禁责任不落实违法违规生产。

（2）必须保证工作场所符合职业卫生要求，严禁在职业病危害超标环境中作业。

（3）必须设置职业病防护设施并保证有效运行，严禁不设置不使用。

（4）必须为劳动者配备符合要求的防护用品，严禁配发假冒伪劣防护用品。

安全帽质量存在问题，不能有效防护

（5）必须在工作场所与作业岗位设置警示标识和告知卡，严禁隐瞒职业病危害。

在机房区域粘贴"职业病危害告知卡"，
从理化特性、应急处理、防护措施方面详细描述

（6）必须定期进行职业病危害检测，严禁弄虚作假或少检漏检。

邀请有资质的单位对作业现场进行噪声检测

（7）必须对劳动者进行职业卫生培训，严禁不培训或培训不合格上岗。

定期对员工进行相关知识培训

（8）必须组织劳动者职业健康检查并建立监护档案，严禁不体检不建档。

定期全员体检，接触职业病危害岗位员工职检

四、通用管理要求

（1）单位应为上岗员工提供满足安全生产要求的劳动防护用品。

（2）劳动防护服装应"四统一"（统一性能、款式、颜色、标识）。

（3）应定期对员工进行职业健康检查。

（4）未经岗前职业健康检查的人员，不得从事存在职业病危害的作业，有职业禁忌病的人员，禁止从事所禁忌的作业，员工离岗前必须进行职业健康体检。

（5）定期对有职业病危害因素的作业场所进行检测、评价，结果要存档，并定期向员工公布。

（6）对所有员工应建立职业健康档案。

（7）对接触噪声、粉尘等职业危害因素的职工每年应进行相关知识培训。

（8）严禁安排孕期、哺乳期女工从事有职业危害的作业。

（9）为所有从业人员办理工伤保险。

第二节　　　**管理措施**

认识到职业病的特性和规律，通过一定的措施，能够起到预防的作用。

一、基本控制措施

（1）工作场所和员工宿舍应保持清洁卫生，有防潮、防寒、防热辐射和消毒等设施。

（2）识别、确定职业病危害种类，制订相应的防治措施。

（3）在确定的职业危害作业场所的醒目位置，设置职业病危害警示标识。

（4）落实国家法律、行业规定的措施。

二、粉尘防护

（1）改进生产工艺过程，引起先进生产设备。如化工料采用吨袋包装或罐装，加料作业时，人员无需人员靠近粉尘区。

（2）创造良好作业环境。对加白土等粉尘较大的作业，在不影响加料的情况下，可适当对作业区域间歇性洒水降尘。

（3）个人防护和个人卫生。督促人员遵守规程，正确佩戴防尘护具，不将粉尘污染工作服带回营房。

（4）其他措施，如防尘宣传教育、健全防尘制度、组织健康体检、调离不宜从事接尘工作员工等。

三、噪声预防

（1）控制噪声源：可采用无声或低声代替发出强声的机械；噪声源远置，如休息处和值班室尽量远离噪声源，电动机或空气压缩机移至车间外或远离员工工作区；将强度不同的噪声源分开放置，减少噪声叠加危害。这是解决噪声危害的根本方法。

（2）控制噪声的传播：应用吸声和消声技术，如车间内表面采用吸声材料，比较固定的噪声场所增设噪声隔离带等。

（3）人体防护：正确佩戴防噪用品，尽量缩短接触噪声时间，合理安排休息。

（4）健康监护：定期对接触噪声员工进行听力检查和心理咨询，对听力明显下降或精神损害严重的人员应及早调离。

四、生产性毒物

常见的生产性毒物有硫化氢、一氧化碳、苯、二硫化碳、氯气、氨气等。生产性毒物预防：

（1）根除毒物：从工艺流程中消除有毒物质，用无毒或低毒原料代替有毒或高毒原料，因工艺要求必须使用高毒原料时，应强化通风排毒措施，妥善存放有毒、高毒物品。

（2）降低毒物浓度：对生产有毒物质的作业场所，尽可能密闭生产，消除毒物逸散的条件，最大限度地减少员工接触毒物的机会。

（3）个体防护：掌握中毒应急救援知识，严格按章作业，正确佩戴防护用品，接触有毒有害物后应正确清洗。

五、检测与体检

（1）每年对职业危害场所进行检测，超标场所应进行整治。

（2）对接触职业危害因素的作业人员进行上岗前、在岗期间和离岗前的职业健康体检。

（3）发现职业危害观察对象或职业病患者，应逐级上报，安排治疗和复查，必要时调整岗位。

（4）严禁有职业危害禁忌人员上岗作业。

第五章

行为安全管理

所有事故的发生，人的行为一般占主要因素。规范员工作业行为，控制人员不安全行为，是提高安全管理水平的重中之重，也是关键点和难点。

第一节 关键作业行为安全管理

钻井现场关键作业是指作业频率高、作业风险相对较大，一旦发生意外，造成的后果较严重的作业，如起放井架、推移井架、绷钻具作业等，本节列举了六类作业，讲明了作业关键点。

一、起放井架作业

起 放 井 架 作 业 核 心 提 示

井架起放有风险，全面检查把好关；

环境良好人可靠，动力保障很关键；

大绳检查无隐患，井架附件看三遍；

主辅刹车要并用，缓冲液缸要细看；

两次试起是必须，平稳操作保平安。

关键点：

（1）现场负责人组织人员结合现场实际进行工作安全分析，办理作业许可，并组织召开作业前安全会。

（2）对起井架大绳安排专人进行检查，出现断丝、变形或累计使用 50 次后必须强制更新。

（3）安排专人对井架、大绳、导向轮及绞车刹车系统、液压系统、动力系统进行全面检查。起井架时，当井架起离前端支架 200 ~ 300mm 时，将绞车刹住，迅速进行一次检查。

（4）风速超过 30km/h、大雨、大雾天气和夜晚等气候状况，禁止从事井架起放作业。

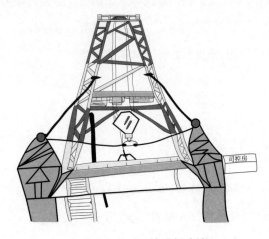

起放井架前对环境进行确认

（5）安排有资质、有经验的人员操作刹把。

（6）作业现场必须有专人负责指挥，主要队干部须在现场亲自组织作业。

（7）钻台上要限制人数，井架、钻台下等危险区域要禁止人员进入，更不能交叉作业。井架两侧 20m 范围内和正前方危险区域不得有无关人员和施工机具。

（8）起升井架时动力系统采用多台设备并用，并提前启动备用设备。

（9）按要求定期对起放大绳索节、悬挂耳板等附件进行探伤检测。

二、推移井架作业

推移井架作业核心提示

推移井架有风险，检查调试不可懒；

清理现场拆附件，电缆绳索无牵连；

液压管线连接牢，千斤周围站远点；

前后联系对讲机，平平稳稳无斜偏。

关键点：

（1）影响拖移作业的地面设施要提前清除（如管线、梯子、大门坡道、电线或其他设备设施等）；能够停掉的电源、动力源要及时停掉。

（2）作业前，现场负责人要组织人员结合现场实际进行工作安全分析，办理作业许可，并组织召开作业前安全会。

（3）风力大于 5 级，或能见度小于 100m 的天气，不准拖移井架作业。

（4）无特殊情况，夜间禁止从事拖移井架作业。

（5）作业现场必须有专人负责指挥，主要队干部须在现场亲自组织作业。

（6）随时观察井架是否倾斜、是否偏离轨道、是否有电缆等物件拉挂。

（7）危险区域禁止人员进入，必要时进行隔离。

三、起下钻作业

起 下 钻 作 业 核 心 提 示

> 起钻下钻风险高，防碰刹车要可靠；
>
> 井口工具检查到，绞车速度控制好；
>
> 技术措施莫小瞧，人员站位很重要；
>
> 按章操作要记牢，防控风险安全保。

关键点：

（1）起下钻前应对刹车系统、防碰装置、提升系统、井口工具及防喷工具等进行检查。

（2）起钻、下钻应根据井下情况控制速度。

（3）起钻过程中及时向钻具内灌满钻井液。

（4）起钻遇卡不得猛提、硬转；下钻遇阻不得强压、硬转。

（5）井下不正常或深井段下钻应分段循环钻井液，开泵时要检查确认闸门状态，人员离开高压区。

（6）司钻应目视指重表和井口，注意绞车钢丝绳排列情况。

（7）井口和二层台作业时，确保司钻视线无盲区，作业人员要和司钻配合一致。

（8）井口作业，人员注意站位。井口倒换吊卡时，不得提前拔出吊卡销子，严禁站在吊环弹出辐射范围；司钻在调整吊环高度时，禁止在吊环上行过程抢挂吊环，防止造成单吊环或吊环弹出伤人。

人员在吊卡未到位就去扶吊卡

刹把操作五条禁令：

（1）严禁电动钻机利用能耗制动代替主刹车悬停钻具和游吊系统。

（2）严禁使用盘刹的钻机在起下钻过程中不与钻台沟通，私自开启 35kW 以上电器。

（3）严禁重负荷情况下只使用驻车制动悬停钻具。

（4）严禁 30t 以上悬重下钻或活动钻具不使用辅助刹车。

（5）严禁无刹把操作证人员单独操作刹把。

四、气动绞车吊装作业

气 动 绞 车 吊 装 作 业 核 心 提 示

气动绞车虽然小，天天操作风险高；

脚踩刹车眼跟到，手柄操作起吊好；

违章操作警钟敲，心中牢记十不吊。

关键点：

（1）井架工及以上岗位人员负责操作。

（2）定期对吊绳、天滑轮固定等进行检查，操作前对绞车固定、钢丝绳、吊钩、刹车等关键部位进行检查。

（3）人员不得站在危险区域。

操作时，手扶手柄和排绳器，脚放在刹车上

（4）操作人员与配合人员有视觉盲区时，要安排专人指挥作业。

（5）负荷状态下，操作人员不得离开操作手柄。

（6）任何情况下，禁止带负荷空挡下放操作。

（7）非载人用气动绞车不得进行载人作业。

钻井现场气动绞车"十不吊"：

（1）无人指挥、信号不明不吊。

（2）绞车固定不牢、刹车不灵不吊。

（3）钢丝绳排乱不吊。

（4）气压不足、接单根时不吊。

（5）超载、吊钩有缺陷不吊。

（6）一钩多挂不吊。

一钩多挂容易滑脱

（7）钻具提丝未上紧不吊。

钻具提丝未上紧，造成脱扣下砸

111

（8）危险区域有人不吊。

站在危险区域，易被吊物砸伤

（9）吊物不在猫道、大门坡道不吊。

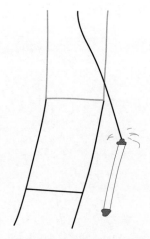

吊物直接起吊，容易被挂住或摆动过大

（10）特殊起吊无措施不吊。

五、绷卸钻具作业

绷卸钻具作业核心提示

绷卸钻具人员杂，上下配合多观察；

提丝上紧把力加，平稳下放打喇叭；

场地人员防下砸，滚排钻具防坍塌；

相互提醒守章法，人人都把安全抓。

关键点：

（1）使用专用提丝，保持提丝清洁，手动上紧后要用加力杠紧固。

（2）井口有套管或钻具时，禁止从事绷钻具作业。

（3）下放钻具必须使用护丝。

（4）禁止钻具从大门坡道无控制滑下。

（5）钻具从坡道下滑过程中，场地人员禁止站在坡道两侧或猫道等危险区域。

（6）禁止用手脚直接滚钻具。

（7）禁止在钻具处于悬空状态下卸扣。

（8）钻具在场地上要分类摆放整齐，逐层堆积，管架两端应安装挡销，危险区域应有隔离措施。

六、检维修作业

检 维 修 作 业 核 心 提 示

> 设备检修有风险，分级管控来把关；
>
> 能量隔离挂锁签，审批验证加旁站；
>
> 检修过程有监管，违章制止莫迟缓；
>
> 恢复现场无隐患，沟通联系试运转。

关键点：

（1）作业前必须申报，办理作业许可。

（2）控制系统必须上锁挂签，必要时拆掉控制管线或停掉动力源。

（3）正确使用适合的手工具，谨防撬杠、锤子伤人。

（4）拆卸下来的零部件要放在安全位置，谨防掉落伤人。

（5）及时清理钻井液或油污，防止人员滑倒。

（6）护罩未全部安装前，禁止启用设备。

（7）运转状态下禁止对危险部位从事检修活动。

在设备未运转期间进行设备旋转部位保养

吊装作业行为安全管理

钻井设备、设施、工具、物件一般体积大、质量重，在拆卸、安装、挪移等过程中，都需要采用吊车进行吊装。吊装是一个多人参与、工况繁杂、配合度要求较高、专业性较强的作业，且人员往往连续作业，风险点多，导致吊装作业风险较高。

吊 装 作 业 核 心 提 示

> 吊装作业十不吊，五步确认避风险；
> 操作指挥专人干，持证上岗是关键；
> 安全审核把好关，行为规范记心间；
> 作业程序天天念，学习培训有人管；
> 查纠隐患要全面，确保装备无缺陷。

一、吊装作业"十不吊"

1. "2233"记忆法

吊车吊装作业"十不吊"根据条款的相似性，划分为"环境与空间、吊车、人、物"四个对象，每个对象对应的条款条数速记为"2233"。

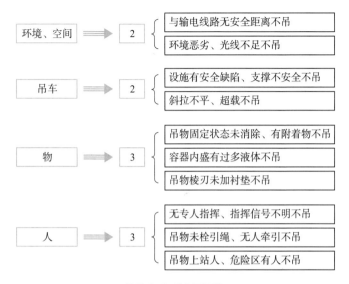

吊装作业"十不吊"

2．"十不吊"内容

（1）与输电线路无安全距离不吊。

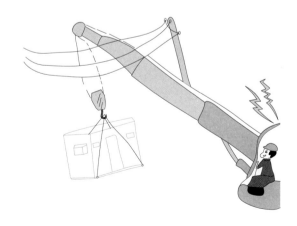

与输电线路无安全距离不吊

《起重机械安全规程　第 1 部分：总则》（GB 6067.1—2010）规定：起重臂架、吊具、辅具、钢丝绳等与输电线路的最小安全距离见下表的要求。

吊装作业安全距离

电压等级kV	<1	1~20	35~110	154	220	330	500
最小安全距离m	1.5	2.0	4	5.0	6.0	7.0	8.5

（2）环境恶劣、光线不足不吊。

环境恶劣、光线不足不吊

环境恶劣是指野外作业有六级以上大风、沙尘暴、大雾、雷暴雨、暴雪等，以及工作场地昏暗、视线差，无法看清场地被吊物情况和指挥信号。

（3）设施有安全缺陷、支撑不安全不吊。

设施有安全缺陷、支撑不安全不吊

　　"设施安全"指吊钩、钢丝绳、绳卡、卷筒、制动系统、液压系统、控制系统等起重设备的关键部位以及安全装置和起重吊索的安全。

　　"支撑不安全"指支腿千斤基础不平整坚实、支撑点有塌陷危险及机身不平稳等现象。

　　（4）斜拉不平、超载不吊。

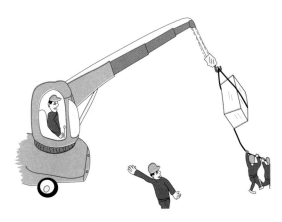

斜拉不平、超载不吊

"不平"指歪吊、吊物重心不平衡,可能出现滑动、翻转、脱落等现象。

(5)吊物固定状态未消除、有附着物不吊。

吊物固定状态未消除、有附着物不吊

"固定状态"指被吊物与其他固定设施处于焊接、螺栓固定、冰冻黏连,以及被吊物堆压在其他物件下或埋在地下。

"附着物"指被吊物上浮放(放置)有未固定的活动物品或捆绑连接不牢靠的物品。

(6)吊物内盛有过多液体不吊。

吊物内盛有过多液体不吊

吊装盛有液体容器，液体高度不得超过容器侧面最低排放闸门高度。

（7）吊物棱刃未加衬垫不吊。

吊物棱刃未加衬垫不吊

吊物与吊索具接触的部位不得有棱刃，避免割伤、切断吊索具。

（8）无专人指挥、指挥信号不明不吊。

无专人指挥、指挥信号不明不吊

操作人员在进行起重作业时，必须要听从作业现场穿戴吊装指挥服人员的指挥，无指挥人员或指挥信号不明时，坚决不能起吊。但任何人对吊车发出的"紧急停止"信号都应服从。

（9）吊物未拴引绳、无人牵引不吊。

起起起!

引绳未拴好呀

吊物未拴引绳、无人牵引不吊

吊物拉上引绳，目的是控制物体的旋转、摆动，避免失控。

（10）吊物上站人、危险区有人不吊。

吊物上站人、危险区有人不吊

　　危险区是指转盘旋转区、起重臂下、被吊物下方及其可能滑脱摔落的最大半径范围。

二、吊装指挥人员"五个确认"

（1）确认危险区域无人。危险区域一般指吊物摆动半径 1.5 倍。

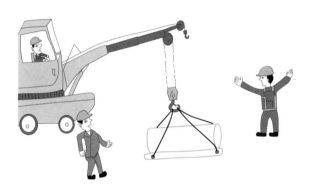

确认危险区域无人

（2）确认吊具选择正确。

确认吊具选择正确

选用吊索具必须符合安全使用要求。吊装作业时，吊索（含各分肢）不得超过安全载荷；使用两根及以上吊索具共同起吊时，需计算吊索肢夹角、降级使用折损、收口角产生的系数乘积，确定吊索具总的额定起重量。吊索具的额定起重量不能低于被吊货物重量的110%。吊具选择过小，造成拉断。

（3）确认吊物未被连接。吊物固定状态要先解除。

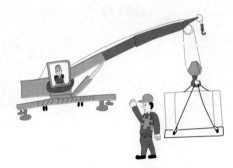

确认吊物未被连接

（4）确认物件固定牢靠。吊物上不得存放未固定的物件，附件要捆绑正确、牢固。

确认物件固定牢靠

（5）确认吊挂安全可靠。吊索具与吊物可靠连接，选择的吊耳牢靠，符合载重要求。

确认吊挂安全可靠

三、吊装作业前检查

吊装作业前，应对吊装设备、机具进行检查，对人员资质、能力进行评价。

1. 查标准

检查吊具、索具、吊带的安全状态，与标准进行比对，绳径是否符合标准、毛刺及断丝数量是否超标等。

钢丝绳套有下列情况之一，应立即报废：

（1）无规律分布在 6 倍钢丝绳直径的长度范围内，可见断丝总数超过钢丝绳钢丝总数 5% 的。

（2）局部可见断丝有 3 根以上聚集在一起的。

（3）在任何位置实测钢丝绳直径低于原公称直径 90% 的。

（4）严重磨损、锈蚀、表面明显粗糙，且在磨损、锈蚀部位实测钢丝绳直径低于原公称直径 93% 的。

（5）严重腐蚀，造成绳股松弛、弹性降低。

（6）钢丝绳扭结、扭曲、畸变、弯折、挤出、波浪形变等变形，或压破、局部磨损、芯损坏，或钢丝绳压扁超过原公称直径 20% 的。

（7）带电燃弧引起钢丝绳烧熔、熔融金属液浸烫，或长时间暴露于高温环境中引起强度下降的。

（8）插接处严重受挤压、磨损；金属套管损坏（如裂纹、严重变形、腐蚀）或直径缩小至原公称直径 95% 的。

（9）绳端固定连接的金属套管或插接连接部分滑出的。

2. 查制度

查作业前安全会的召开、风险的提示、车辆的检维护润滑记录。

3. 查设备

查安全限位，查制动器，查吊钩等重点部件。

4. 查人员

查吊车司机、吊装指挥人员资质、培训情况；作业时，查违章操作、违章指挥，查劳保用品穿戴情况。

5. 查环境

查作业环境、吊车摆放、安全措施落实。

第三节　电气作业行为安全管理

电气作业高压线，安全防护要绝缘；

人员操作有证件，线路拆装有规范；

断电隔离挂锁签，审批许可现场验；

开关线缆元器件，载荷匹配要计算；

布局合理无隐患，标识明确保安全。

一、电气操作安全

1. 通用规定

（1）应由具备作业资质的专业人员从事安装、维护、测试及检验电气电路及设备的工作。

持有有效的电工证

（2）患有癫痫、精神病、心脏病、突发性昏厥、色盲症人员不得从事电气作业。

（3）操作时，须绝缘措施到位。

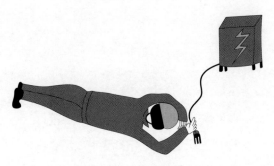

用湿手拔插头导致触电

（4）不得移动正处于工作状态的电器，应在断电停止工作时搬动。

带电移动电器，易引发线路起火

（5）停电后及时切断电源，以防复电后发生意外。

停电后切断总开关

（6）电器有异常声音，或有焦煳异味等情况时，应立即切断电源进行检修。

电器有异常声音，立即切断总电源

（7）电线和电气工具出现裂纹、损坏，应进行修理和更换。

插座破裂，造成人员触电

（8）不允许私自改造电路和电气设备；不乱接乱拉电线，防止超负荷用电。

私拉乱接，负荷过大

（9）不得用湿抹布擦拭带电的电气设备。

搞电气设备卫生时，用湿毛巾擦拭造成人员触电

（10）不得短接漏电保护器或保险。

对频繁跳闸的开关进行短接，线路失去保护

（11）现场进行等电位连接，并定期对接地情况进行检查。

对接地电阻进行测量

（12）适用于电气火灾的灭火器：二氧化碳、四氯化碳、干粉灭火器。发生电气火灾时，选用正确的灭火器材。

2. 检修安全要求

（1）应进行作业许可和工作安全分析。

（2）现场保持两人或两人以上，一人作业，一人负责监护。

（3）与带电设备间距较小，应停电后检修。

（4）电容等残存电荷较多时，应断电 5min 或使用专用放电设备放电后再作业。

（5）必须进行能量隔离、上锁挂签。

3. 静电防护要求

（1）柴油拉运车辆在卸油时，应做可靠的静电接地。

油罐区静电释放接地桩

（2）在易燃易爆场所，严禁穿不防静电的衣物。

二、临时用电管理

1. 定义

因施工、检修需要，凡在正式运行的供电系统上加接或拆除如电缆线路、变压器、配电箱等设备以及使用电动机、电焊机、潜水泵、通风机、电动工具、照明器具等一切临时性用电负荷的作业，都应纳入临时用电管理。

2. 管理要点

（1）临时用电应进行作业许可。

（2）动力和照明线路应分路设置。

（3）临时电源暂停使用时，应在接入点处切断电源。

（4）在配电回路分断路器上安装或拆除临时用电线路时，主断路器必须断电上锁。

（5）室外的临时用电配电盘、箱及开关、插座应设有安全锁具，有防雨、防潮措施。

（6）固定式配电箱、开关箱中心点与地面的垂直距离应为 1.4 ~ 1.6m。移动式配电箱、开关箱应架设在坚固、稳定的支架上，其中心点与地面的垂直距离宜为 0.8 ~ 1.6m。

（7）移动工具、手持工具等应有各自的电源开关，实行"一机一闸"制，严禁用同一开关直接控制两台或两台以上用电设备（含插座）。

（8）临时用电的送电操作顺序：总配电箱—分配电箱—开关箱。停电操作顺序：开关箱—分配电箱—总配电箱。

三、电工工具的使用

1. 基本安全准则

（1）定期维护，保持良好的绝缘状况。

（2）使用正确的工具和配件，并根据厂方提示使用。

（3）使用前检查工具是否破损，严禁使用已损坏的工具。

2. 选用原则

（1）一般场所选用 II 类工具。

（2）使用 I 类工具，必须装设额定漏电动作电流不大于 30mA、动作时间不大于 0.1s 的漏电保护器，戴绝缘手套、穿绝缘鞋。

（3）潮湿场所或金属构架等导电性好的场所，必须使用 II 类或 III 类工具。

（4）受限空间作业应使用 III 类工具。如使用 II 类工具，必须装设额定漏电动作电流不大于 15mA、动作时间不大于 0.1s 的漏电保护电器。

（5）定期测量工具的绝缘电阻。各工具的绝缘阻值见下表。

各类工具绝缘阻值

测量部位	绝缘电阻，MΩ
Ⅰ类工具带电零件与外壳之间	2
Ⅱ类工具带电零件与外壳之间	7
Ⅲ类工具带电零件与外壳之间	1

动火作业行为安全管理

第四节

动火作业核心提示

> 焊机检查测绝缘，查看接地看焊钳；
>
> 手套面罩配齐全，消防器材放身边；
>
> 密闭空间和油罐，高压部位不能焊；
>
> 作业完毕断电源，恢复现场无隐患。

一、安全原则

1. 基本要求

（1）应按规定办理动火作业许可，进行工作安全分析。

（2）特殊作业动火除办理动火作业许可外，还应办理专项许可证。

（3）动火作业前，应检查电路、回压阀、气焊工具及通排风情况。

（4）化学危险物品容器、设备、管道等，作业前应进行清洗、置换，经检测合格后方可进行作业。

（5）拆除管线的动火作业，必须先查明内部介质及走向，并制订防火、防爆措施。

（6）动火应在监护下进行，发现异常应及时停止动火。

（7）动火作业中断30min后，再继续动火前，应重新确认安全条件。

（8）五级风以上天气，禁止高处动火作业。六级风以上不宜进行地面动火作业。

2. 割焊作业"十个不"

（1）无割、焊特种操作证人员，不准进行割、焊作业。

（2）四级以上动火的割、焊作业，未办理动火审批手续，不准进行割、焊。

（3）不了解割、焊现场周围情况，不得进行割、焊。

（4）不了解焊件内部是否安全，不得进行割、焊。

（5）装过可燃气体，易燃液体和有毒物质的容器，未经彻底清洗，不准进行割、焊。

（6）有可燃材料的设备部位，未采取安全措施前，不准割、焊。

（7）有压力的管道、容器，不准割、焊。

（8）附近有易燃易爆物品，未清理或未采取有效安全措施之前，不准割、焊。

（9）附近有与明火作业相抵触的作业时，不准割、焊。

（10）与外部相连的部位，在不清楚险情前，不准割、焊。

二、动作作业设备设施管理

1. 焊接设备设施管理

（1）所有电焊设备都应进行日常检查，有故障的设备立即停用。

（2）电焊机及附属线路必须有可靠的接地线，一次接线处应加保护罩。

（3）含有可燃气体或液体的管道等导电体不能用作接地回路，链条、钢丝绳、起重机等不能用来输送焊接电流。

（4）焊接电缆应悬挂在高处或铺设在通道一侧，避免移动牵扯。在横穿道路的地方，若不能悬挂，应置于地上，用能承载重物的保护性覆盖物盖住。

（5）焊机机体的任何部位禁止与焊把未绝缘的金属部件及任何裸露的导体相接触。

2. 氧气、乙炔

（1）焊接时，氧气瓶和乙炔瓶工作间距不小于 10m，距明火距离不小于 10m。

（2）气瓶内气体严禁用尽，应留有剩余压力，气瓶必须留有不低于 0.05MPa 的剩余压力。

（3）严禁手持点燃的焊、割工具调节减压器或开、闭气瓶瓶阀。

（4）不使用时，氧气瓶和乙炔瓶阀门应关闭。气瓶立放时，应采取防止倾倒措施，严禁敲击、碰撞。

（5）运输、储存和使用气瓶时，应避免烘烤和暴晒，环境温度一般不超过 40℃；必须佩戴好气瓶瓶帽和防震圈；应轻装轻卸，严禁抛、滑、滚、碰和倒置。

（6）氧气、乙炔气使用专用软管。

三、特殊动火作业

1. 高处动火作业

高处作业使用的安全带、救生索等防护装备应采用防火阻燃的材料。应采取防止火花溅落措施，并设置安全监护人。

2. 受限空间动火作业

采取蒸汽吹扫、氮气置换等措施，并打开上、中、下部入口，形成空气对流或强制通风。须对可燃气体浓度、有毒有害气体浓度、氧气浓度进行检测，含量应符合国家相关标准。

3. 挖掘作业中的动火作业

应采取安全措施，确保动火作业人员的安全和逃生。在埋地管线操作坑内进行动火作业的人员应系阻燃或不燃材料的安全绳。

4. 其他特殊动火作业

生产不稳定、设备和管道腐蚀严重时，不准进行带压不置换动火作业。在可能存在中毒危害的环境下，不准进行带压不置换动火作业。

第五节 高处作业行为安全管理

高处作业是指在距基准面 2m 以上（含 2m）有可能坠落的高处进行的作业。

高处作业核心提示

> 高处作业风险高，条件良好当首要；
> 审核把关许可票，措施验证现场到；
> 防坠设施把命保，工具尾绳系牢靠；
> 隔离区域不近靠，安全要求要记牢。

一、安全基本要求

（1）实行许可管理（除井架工在二层台正常作业）。

（2）作业人员须经专业技术培训、考试合格，持证上岗。

（3）作业人员应定期体检，恐高、癫痫、高血压、心脏病等病症人员不得从事高处作业。

（4）高处作业人员应穿戴全身式安全带，做到高挂低用。

（5）上下井架等要拴挂防坠落装置或助力器。

（6）有牢靠的立足点，正确系挂安全带。

（7）高处作业所使用的工具、材料、零件等必须装入工具袋，上下时手中不得持物。

（8）不准投掷工具、材料及其他物品。易滑动、易滚动的工具、材料堆放在脚手架上时，应采取措施防止坠落。

（9）禁止上下垂直交叉作业，若必须垂直作业，应采取可靠的隔离措施。

（10）六级以上强风、浓雾等恶劣天气，不得进行露天悬空与攀登高处作业。

（11）发现安全隐患时，必须立即报告，及时解决。危及人身安全时，必须立即停止作业。

二、防坠落措施优先选择顺序

（1）减少高处作业，避免高处作业产生的坠落危险。

（2）设置固定的护栏和限制系统，防止坠落危害发生。

（3）系索调整到一定的长度，避免作业人员的身体靠近高处作业的边缘。

（4）用坠落保护装备，如配备缓冲装置的全身式安全带和系索。

受限空间行为安全管理

受限空间作业是指封闭或部分封闭，进出口较为狭窄有限，未被设计为固定工作场所，自然通风不良，易造成有毒有害、易燃易爆物质集聚或含氧量不足的空间。

一、有限空间安全作业五条规定（安监总局令第 69 号）

（1）必须严格实行作业审批制度，严禁擅自进入有限空间作业。

（2）必须做到"先通风、再检测、后作业"，严禁通风、检测不合格作业。

（3）必须配备个人防中毒窒息等防护装备，设置安全警示标识，严禁无防护监护措施作业。

（4）必须对作业人员进行安全培训，严禁教育培训不合格上岗作业。

（5）必须制订应急措施，现场配备应急装备，严禁盲目施救。

二、安全基本要求

（1）进入受限空间涉及动火、高处、临时用电等作业时，必须办理专项许可证。

（2）作业现场应对所有受限空间进行辨识和标识，并确保所有员工了解。

（3）应设置逃生出口、进入受限空间人员拴带救生绳。

（4）实行"三不进入"（"三不"指不审批、安全措施不落实、监护人不在场）。

（5）作业前，监护人和进入者应明确联络方式并始终保持有效的沟通。

（6）作业时间不宜过长，应安排轮换作业或休息。

（7）有转动部件的设备在停机后应切断电源，摘除保险或挂接地线，在开关上挂"有人工作、严禁合闸"警示牌，必要时派专人监护。

（8）进入有限空间作业应使用安全电压和安全行灯照明。电动工具应有漏电保护设备。

（9）特殊情况下，作业人员应佩戴正压式空气呼吸器或使用正压式长管空气呼吸器。

（10）发生有人中毒、窒息时，抢救人员须佩戴正压式空气呼吸器或正压式长管空气呼吸器进入受限空间，并至少有一人在外部做联络工作。

（11）停工期间或当作业状况改变时，人员应立即撤出现场，在受限空间入口处设置警告牌或采取其他封闭措施。

（12）作业结束后，应对受限空间进行全面检查，关闭作业许可证。

第六章

物态安全管理

　　设备设施的安全隐患是引发安全事故的重要因素之一，抓好物态安全管理至关重要，是杜绝事故发生的重要手段。钻井作业中，采取有效的手段，确保设备设施完整性、创造良好的作业环境、配备足够的消防设施器材、加强危化品的管控等，并建立隐患查治机制，及时发现和消除隐患，尤为必要。

设备设施管理

设 备 设 施 管 理 核 心 提 示

设备实施要运转，严格管理最关键；

选型配置合规范，安装验收严把关；

统一编号建清单，操作规程有文件；

测试检查后启动，保养维护存档案；

维修改造慎变更，备品配件要齐全；

人员培训重实练，本质安全保平安。

一、一般设备管理

1. 设施完整性管理流程

规划计划—立项购置—设备验收—安装投用—使用维修—更新改造—停用报废。

2. 设备安装管理

（1）设备安装必须符合技术资料的要求。不符合安装要求的设备，不准投入使用。

（2）新设备投入使用前，应组织使用单位设备操作人员及相关管理人员进行技术培训。

（3）现场设备安装完成后应及时收集安装、校准、装配、定位、测试等资料并存档。

（4）设备安装完毕，应进行启动前全面安全检查，确认符合安全要求方能启动设备。

（5）设备投用前制定设备设施操作规程，明确使用和维护、保养要求。

（6）严格执行设备维护保养规程和"十字作业"（清洁、润滑、调整、紧固、防腐）要求。

（7）相关部门、使用单位应建立设备设施台账和档案，对设备进行编号，一台（套）设备一个编号。每台（套）设备应建立单独的、完善的设备技术档案，包括设备使用说明书、合格证、零部件和易损件清单及图册等内容。设备调拨时，其技术档案、随机工具及附件随机交接，确保设备的完整性。

（8）在设备的使用和维护上严格执行定人、定机、定岗位的"三定"管理要求。

3. 设备维护保养管理

（1）根据设备的技术状况和运行时间，分别进行周期性维护和阶段性维护。

（2）设备的周期性维护实行"三级保养制"，即日常保养、一级保养、二级保养，并逐级定期保养。设备在维护保养过程中做好废水、废油的回收工作，保护好周围环境。

（3）新购及经过大修理的设备在磨合期满后，必须进行一次保养，方可按额定负荷投入生产。在入冬入夏前，各单位对设备进行季节性保养。

4. 设备的停用报废

设备存在严重事故隐患，无改造、维修价值，或者超过安全技术规范、规定的使用年限，应及时予以报废、销户，严禁使用已经报废的设备。

二、特种设备管理

（1）特种设备不得存在重大的安全隐患，一经发现的，必须向上级部门报告并限期消除。

（2）使用单位应定期对特种设备进行检查，对检查中发现的问题及时处理。

（3）使用单位新增特种设备时，应按要求及时向当地特种设备安全监督管理部门登记注册，登记注册标志应当置于或者附着于该特种设备的显著位置。

（4）未经定期检验或者检验不合格的特种设备，不得继续使用。

（5）特种设备出现故障或发生异常情况，使用单位应对其进行全面检查，查清原因并消除事故隐患后，方可重新投入使用，特种设备严禁带故障运行。

（6）特种设备遇可能影响其安全技术性能的自然灾害或者发生设备事故后，以及停止使用一年以上时，再次使用前，使用单位应当对其进行全面检查，确保无事故隐患。

（7）特种设备存在严重事故隐患，无改造、维修价值，或者超过安全技术规范、规定的使用年限，应及时予以报废，并向原登记的特种设备安全监督管理部门办理注销手续。

三、井控设备设施管理

（1）井控设备安装规范，符合井控要求和技术规范。

（2）远控房运转正常，井控设备设施均在校验期内。

（3）各阀门保养到位，转动灵活，目视化标识准确。

各阀门保养到位，转动灵活

（4）液面报警仪、气体检测仪等处于在用状态。

对液面报警仪按照标准调校

四、电气设备设施

（1）作业现场，应根据《石油设施电气设备安装区域一级、0区、1区和2区区域划分推荐作法》（SY/T 6671—2006），《石油天然气钻井、开发、储运防火防爆安全生产技术规程》（SY 5225—2005）等相关要求，做好钻井作业现场电气防爆要求。

（2）电缆敷设、电气设备元器件均符合技术规范，漏电保护器等安全防护设施有效，符合《低压配电设计规范》（GB 50054—2011）中的相关规定。

（3）做好日常检查。

（4）做好目视化标识。

作业环境管理

作业环境管理核心提示

> 现场布局合规范，目视管理标识全；
> 按区标明风险源，应急逃生有路线；
> 设备设施有清单，类型数量要全面；
> 挂牌明责规程全，本质安全无风险。

一、设备摆放

（1）钻井作业现场设备设施摆放应进行标准化管理，明确划分区域，对每个区域制定明确的管理标准，形成井场布局示意图，在示意图上，通过不同的颜色显示风险等级。

（2）各区域设备摆放应定置管理，摆放整齐，不影响安全，暂不使用的工具、物料应放置在材料房或其他指定位置。

（3）各设备之间间距应符合防爆及井控要求。

（4）井场周边有深沟、高崖等，应考虑汛期影响带来的坍塌、塌方等因素，与沟、崖保持一定的安全距离。

二、目视化管理

1. 企业安全生产风险公告相关规定（安监总局令第 70 号）

（1）必须在企业醒目位置设置公告栏，在存在安全生产风险的岗位设置告知卡，分别标明本企业、本岗位主要危险危害因素、后果、事故预防及应急措施、报告电话等内容。

（2）必须在重大危险源、存在严重职业病危害的场所设置明显标志，标明风险内容、危险程度、安全距离、防控办法、应急措施等内容。

（3）必须在有重大事故隐患和较大危险的场所和设施设备上设置明显标志，标明治理责任、期限及应急措施。

2. 作业现场"九项基本要求"

（1）作业现场必须通过安全色、标签、标牌等方式进行目视化管理。

（2）通过安全帽的颜色、帽签或胸牌等，明确现场人员的岗位、资质、能力、血型等信息。

通过安全帽的颜色、帽签或胸牌等，
明确现场人员的岗位、资质、能力、血型等信息

（3）应标明工器具、设备设施的使用状态。

（4）对生产作业区域的危险状态进行警示。

（5）在发电房、配电柜、控制箱等地方进行"当心触电"标识。

配电柜上有"当心触电"标识

（6）在油罐上喷涂"严禁烟火"标识。

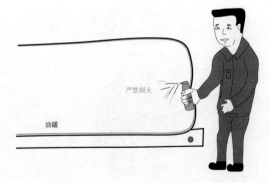

在油罐上喷涂"严禁烟火"标识

（7）在机房区域设置"当心机械伤人""小心烫伤""必须戴耳塞"等标识。

在机房区域设置"当心机械伤人，必须戴耳塞"标识

（8）对设备设施的控制开关、闸阀标识控制对象及开、关位置。

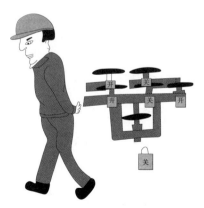

闸阀标识控制对象开关位置

155

（9）井场安全通道标识明显，有逃生路线和紧急集合点标识。

井场安全通道标识明显，有逃生路线和紧急集合点标识

三、场所环境

（1）各作业区域安全警示标识齐全、平整、清洁，通道上无杂物。各区域标识齐全。

各作业区域安全警示标识齐全

（2）照明系统正常，光线充足，能满足夜间作业需求。

照明不足，员工作业视线差，易引发安全事故

（3）对钻井泵万向轴、泵房高压区域应设置隔离。

（4）现场防护栏符合要求，完好、牢靠。

现场防护栏符合要求，完好、牢靠。

（5）现场安全通道畅通，踏板、过道、梯子完好。

值班房脚踏板断裂，造成人员受伤

| 消防器材管理

消防安全防为主，日常管理重中重；

防消结合同治理，消防器材禁挪用；

灭火四法记心中，冷隔窒抑切实际；

火灾初期及时灭，往上汇报早控制。

一、消防器材管理"五个要点"

（1）消防器材配备齐全，定人定岗挂牌管理，建立台账，纳入交接班内容，每月检查维护一次。

（2）消防器材应由单位统一采购。

（3）消防设施、器材应建立台账和检查记录，一器一挂牌，确保有效可靠。

（4）消防设施、器材应专人管理，不得他用。

（5）灭火器的使用和报废应遵守《手提式灭火器通用技术条件》（GB 4351）和《手提式干粉灭火器》（GB 4402）的相关规定。

钻井作业 HSE 核心提示

二、消防器材配置

（1）作业现场、办公场所按规定配齐消防器材，并由专人管理。

（2）按要求建立防火档案，留存本单位备查。

（3）作业现场应有明确的配置标准。下表为某区域消防器材配置标准，以供参考。

某区域消防器材配置

区　域	型　号	数量
消防室	MFT35型干粉灭火器	4
	8kg干粉灭火器	6
	5kg二氧化碳灭火器	2
	消防斧	2
	消防钩	2
	消防桶	6
	消防锹	4
	消防毡	10
机房	5kg二氧化碳灭火器	3
发电房	5kg二氧化碳灭火器	1
MCC/VFD	5kg二氧化碳灭火器	1
油罐区	MFZ型8kg	4
	消防桶	2
	消防锹	2
水罐区	10hp消防专用水泵	1
	消防水带	100m
	φ19mm直流水枪	2
	快速接口	1

续表

区　域	型　号	数量
营房	2kg干粉灭火器	2/房
食堂操作间	8kg干粉灭火器	2
餐厅	8kg干粉灭火器	2

三、灭火器维修周期和报废期限

常用灭火器维修周期和报废期限见下表。

常用灭火器维修周期和报废期限

灭火器类型		报废期限，年	维修周期
水基型 灭火器	手提式水基型灭火器	6	出厂期满三年
	推车式水基型灭火器	6	
干粉 灭火器	手提式（贮压式） 干粉灭火器	10	出厂期满五年
	手提式（储气瓶式） 干粉灭火器	10	
	推车式（贮压式） 干粉灭火器	10	
	推车式（储气瓶式） 干粉灭火器	10	
洁净气体 灭火器	手提式洁净气体灭火器	10	
	推车式洁净气体灭火器	10	
二氧化碳 灭火器	手提式二氧化碳灭火器	12（每少50g或总重的 5%重新充装）	
	推车式二氧化碳灭火器	12	

第四节	危险化学品管理

危 险 化 学 品 管 理 核 心 提 示

> 危化物品危险高，入库把关最重要；
>
> 三证一标不能少，用多用少登记好；
>
> 库房通风防湿潮，远离火源隔离好；
>
> 意外情况要报告，双人双锁措施到。

一、危险化学品含义

危险化学品是指凡具有易燃、易爆、腐蚀、毒害危险性质，在生产、贮运、使用中能引起燃烧、爆炸和导致人身中毒或伤害事故，并使财产受到毁坏的化学物品，简称危化品。

钻井作业现场常见的危险化学品主要有：氧气、乙炔、氢氧化钠、汽油、酒精等。

二、化工（危险化学品）企业保障生产安全十条规定（安监总局令第64号）

（1）必须依法设立、证照齐全有效。

（2）必须建立健全并严格落实全员安全生产责任制，严格执行领导带班值班制度。

（3）必须确保从业人员符合录用条件并培训合格，依法持证上岗。

（4）必须严格管控重大危险源，严格变更管理，遇险科学施救。

（5）必须按照《危险化学品企业事故隐患排查治理实施导则》要求排查治理隐患。

（6）严禁设备设施带病运行和未经审批停用报警联锁系统。

（7）严禁可燃和有毒气体泄漏等报警系统处于非正常状态。

（8）严禁未经审批进行动火、进入受限空间、高处、吊装、临时用电、动土、检维修、盲板抽堵等作业。

（9）严禁违章指挥和强令他人冒险作业。

危验化学品混放，且在其附近动火作业

（10）严禁违章作业、脱岗和在岗做与工作无关的事。

三、危害预防与控制

1. 四项工程技术措施

（1）替代：选用无害或危害性小的化学品替代已有的有毒有害化学品。

（2）变更工艺：如改人工装料为机械自动装料，改干法粉碎为湿法粉碎等。

（3）隔离：采用物理方式将危险化学品与人员隔离开。如将设备完全封闭，使员工在操作中不接触危险化学品。

（4）通风：可采用通风措施降低作业场所中的有害气体、蒸气或粉尘浓度。

2. 四种个人防护方式

（1）穿戴个体防护用品。

（2）佩戴呼吸防护用品。

（3）自觉防护。

（4）紧急情况下的防护与处置。

3. 四个必须管理

（1）必须根据危险性，对危险化学品进行分类管理。

混放引发火灾

（2）必须贴安全标签。表述危险化学品的危险特性及安全处置注意事项。

（3）必须有安全技术说明书。详细描述危险化学品的燃爆、毒性和环境危害，以及安全防护、急救措施、安全储运、泄漏应急处理、法规等方面的信息。

在化工区设置MSDS信息牌

（4）必须加强安全教育。使员工了解所使用的危险化学品的危害，掌握必要的应急处理方法和自救、互救措施。

好好学习

对员工进行安全培训

第七章

作业现场典型违章及对策

　　一些人因为无知而违章，而更多人是抱有侥幸心理而违章，按照安全金字塔理论，控制作业现场违章行为，能够有效地降低事故的发生。本章主要列举了作业现场典型违章，并进行了危害分析，提出了预防措施。

钻井作业典型违章及对策

钻 井 作 业 违 章 核 心 提 示

事故瞬间家破散，漠视违章是祸端；

违章办法定红线，牢牢谨记莫触犯；

程序规程重于山，严格遵守最关键；

审核行为对规范，遏止事故避风险；

上下一心齐抓管，安全生产保平安。

一、脚蹬或手扒钻具

1. 危害分析

用脚蹬、手扒钻具，钻具会快速滚动，人员身体容易失控，造成人员跌伤，或跌倒后被后方钻具夹伤。

脚蹬钻具身体失控

2. 预防措施

（1）采用钻杆推拉钩，牵拉或推送钻具。

（2）使用撬杠往前撬动或推动钻具。

二、在未固定的钻具上行走或从中穿行

1. 危害分析

钻具坍塌后，会夹伤人员；钻具上不易站稳，人员可能滑跌。

钻具滚动，人员夹伤

2. 预防措施

对钻具进行固定，用隔离带隔离，人员从安全通道绕行。

三、敲击作业时，不佩戴护目镜

1. 危害分析

敲击作业时，物件或锤子在强烈撞击下产生的铁屑四处飞溅，眼部不进行防护，可能会伤害眼睛。

修泵时，铁屑可能进入眼部

2. 预防措施

作业整个过程，佩戴合格的护目镜。

四、高处作业时，工具未系尾绳

1. 危害分析

在作业时，人员可能疏忽，手工具未抓牢，下砸伤人。

工具不使用尾绳，下砸伤人

2. 预防措施

配备高空作业工具袋，便于人员上下攀爬时，安全携带工具；手工具应设置尾绳，与工具进行可靠连接；撬杠、锤子等大型工具，尾绳与作业位置的设备可靠连接，防止坠落。

五、对正销轴时，用手指伸入销孔去试探

1. 危害分析

设备设施在晃动时，造成销孔错位而夹伤手指。

销孔对正手莫伸，借用工具为上策

2. 预防措施

严禁手指伸入销孔，可以采用观察或其他工具试探的方式。

六、设备运转时，在运转部位进行清洁作业或长时间逗留

1.危害分析

（1）清洁设备使用的棉纱、毛巾或人员身体可能被卷入设备中，造成人员伤害。

（2）设备运转部位出现故障，物件意外飞出伤人。

设备清洁有风险，运作部位勿逗留

2.预防措施

设备运转部位加装护罩，人员不得在运转部位长时间停留；进行清洁作业或其他检修作业，必须切断设备动力源并进行上锁挂签。

七、人员进入隔离的高压区域

1.危害分析

高压区域进行了隔离，说明正在进行高压作业，作业中存在诸多不

稳定因素，可能引起管线爆裂高压液体刺伤人员、管线摆动打伤人员。

隔离提示为安全，莫要强入危险区

2. 预防措施

高压软管线之间拴好保险绳，作业时，对高压进行隔离，非作业人员不得进入；高压区作业人员劳保齐全，落实好作业风险控制措施。

八、人员私自进行低岗顶替顶岗作业

1. 危害分析

人员可能不具备岗位要求的技能素质，对岗位风险和削减措施不掌握，在顶岗作业中，风险处于失控状态，可能引发事故。

学徒需要师傅教，不可随意叫顶岗

2. 预防措施

（1）人员必须经过能力评价合格后，方可进行低岗顶高岗作业。

（2）每个作业班组配备足够数量的人员，避免人手紧缺，出现低岗顶高岗的情况。

九、装载机、叉车作业时无专人指挥

1. 危害分析

操作司机视线被挡住，在盲区作业人员也未留意，造成碰伤人员。

人员站在叉车前方，被碰伤

2. 预防措施

（1）进行装载机、叉车等工程车辆作业时，必须有专人指挥；在工程车辆行走范围内，不得交叉作业。

（2）抓取、装载的货物不得过高，影响视线。

十、使用撬杠时正对胸前

1. 危害分析

在用力过程中，撬杠突然打滑，会戳伤人员胸部。

撬钻具时撬杠正对胸前

2. 预防措施

使用撬杠时，撬杠放在侧面加力。

十一、坐岗期间，不认真落实坐岗制度

1. 危害分析

坐岗不认真，不及时测量钻井液性能和液面，不对比分析，造成异常情况不能及时发现，引发井控险情。

液面报警仪

坐岗期间不履行岗位职责

2. 预防措施

（1）坐岗工要严格落实坐岗制度，钻进中每 15min 监测一次钻井液（罐）池液面和气测值，发现异常情况要加密监测。

（2）起钻或下钻过程中核对钻井液灌入量或返出量。

（3）在测井、空井以及钻井作业中还应坐岗观察钻井液出口管，及时发现溢流显示。

（4）认真填写坐岗观察记录，包括时间、工况、井深、钻井液灌入量、钻井液增减量、原因分析、记录人。

（5）值班干部要 24h 值班，定期巡查，督促坐岗工落实岗位职责，并核对坐岗记录。

十二、无有效操作证人员操作设备

1. 危害分析

操作人员对设备性能不熟，容易误操作，在设备出现异常时，不能及时采取有效措施，导致发生事故。

没有特种作业证不能从事特种作业

2. 预防措施

人员必须经过培训、考核，取得有效证件后，在作业现场经过了能力评价，方可操作设备。

十三、作业监护人未进行有效监护

1. 危害分析

监护不到位，他人可能在未知的情况下私自启动设备；或在作业人发生意外时，不能及时对现场进行安全处置、对作业人员进行救护，导致作业人员受伤。

监护人员成了陪同人员

2. 预防措施

作业前安全会上，必须明确监护人，并对监护职责和要求进行强调。监护人在作业现场要时刻履行好自己的专职监护职责，不得同时进行其他作业。

第二节　吊装作业典型违章及对策

吊 装 作 业 违 章 核 心 提 示

吊装作业有风险，违章蛮干是祸端；

索具吊车无缺陷，受力分析要全面；

拴挂牢靠很关键，平稳起吊人站远；

专人指挥勤细看，再三确认保安全。

一、使用有缺陷或报废吊索具进行吊装

1. 危害分析

有缺陷、报废吊索具，在使用中，可能突然断裂，造成吊物下砸，损坏吊物、设备或伤害人员。

提心"吊"胆

侥幸心理，冒险作业，风险与工作量无关

2. 预防措施

每次吊装前，必须对吊索具进行检查，达到报废标准的吊索具应割断等处理，不得存放于现场。

二、从吊物下穿行

1. 危害分析

吊物存在诸多不稳定因素，可能出现绳套断裂、吊物滑脱、附件下砸等，从吊物下穿行，存在极大的风险。

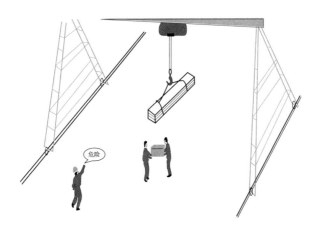

危险

人员从吊物下穿行，风险高

2. 预防措施

指挥人员在指挥时注意观察周围人员，吊车司机在起吊前先查看交叉作业人员，作业人员注意吊物的运移方向，远离吊物。

三、钻具提丝未加力上紧

1. 危害分析

钻具在上提至钻台过程中，会与大门坡道等发生很多次碰撞，提丝未加力上紧，在上提过程中可能因为碰撞而出现退扣情况；或者上提力量突然释放，反扭力可能造成提丝倒扣，进而造成钻具下砸。

起吊之前要检查，连接牢固再起吊

2. 预防措施

钻具提丝应采用链钳、加力杠进行加力，提丝无余扣、连接牢靠方可示意起吊。

四、盲目指挥

1. 危害分析

绳套可能没有挂好、其他人员处于危险区域、作业人员手部正放在吊索具上等情况，不进行检查、确认，会伤及他人或损坏设备。

起吊之前未确认，盲目指挥起吊

2. 预防措施

（1）发出起吊信号前，应落实"五个确认"。

（2）借用适合的工具取挂绳套，避免人员直接肢体接触。

五、从场地起吊物件至钻台时，人员背对大门坡道

1. 危害分析

吊物达到钻台时，若不进行牵引、固定，吊物会突然摆动，气动绞车操作人员失误、作业人员没有留意，可能因为吊物的摆动而受伤。

吊装作业时，人员背对大门坡道

2. 预防措施

吊物接近钻台面时，应使用引绳或钩子稳固，使其缓慢平稳地放入钻台；气动绞车操作人员应缓慢操作，作业人员不得站在大门坡道和井口之间，更不能背对大门坡道。

第三节 消防安全典型违章及对策

消防安全违章核心提示

> 消防安全防为主，日常管理重中重；
>
> 防消结合同治理，消防器材禁挪用；
>
> 灭火四法记心中，冷隔窒抑切实际；
>
> 火灾初期及时灭，往上汇报早控制。

一、对灭火器材没有定期检查

1. 危害分析

不定期检查，不能及时发现失效的灭火器材，在发生火灾时，耽误了灭火的最佳时机，引发火灾。

①

②

失效的灭火器材，耽误灭火时机

2. 预防措施

单位应指定消防器材管理负责人，每月进行一次消防安全检查，检查内容至少包括：灭火器材配置及有效情况，消防通道情况，应急照明灯、消防安全标志的设置情况。

二、在油罐区、易燃易爆区吸烟

1. 危害分析

油罐区属爆炸和火灾危险场所，可能存在爆炸性混合气体，吸烟、不防爆电气设备设施都可能引发火灾或爆炸事故。

在油品区吸烟，且烟头随意扔，易引发火灾

安不安全不是领导说了算

2. 预防措施

油罐区严禁吸烟、严禁使用不防爆电气设备设施。

三、卧床吸烟

1. 危害分析

卧床吸烟，很容易让人浑然入睡，烟头掉落下来很容易烧着衣服被褥，引发火灾，甚至有生命危险。

卧床吸烟危害大，安全要从细节抓

2. 预防措施

不得卧床、躺在沙发上吸烟；吸烟时，烟头要熄灭，确认无火星后方可离开。

四、将消防室门上锁

1. 危害分析

出现火灾等紧急情况时，不能及时使用消防器材灭火，耽误灭火时机，引发火灾。

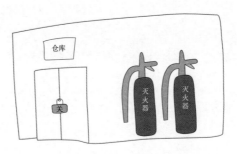

为防盗，将灭火器锁起来，无法取用

2. 预防措施

存放有消防物资的房间不得进行上锁，且周围不得堆放杂物，保持消防通道畅通。

五、氧气、乙炔混放

1. 危害分析

乙炔是易燃物，氧气是助燃物。如果乙炔出现泄漏，乙炔与空气混合，遇见火星或者明火则发生剧烈的爆炸。

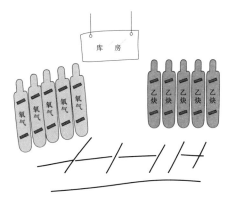

氧气、乙炔气严禁一起存放

2. 预防措施

氧气、乙炔必须分开存放，不得一同拉运。使用时，氧气瓶、乙炔瓶保持 10m 间距。气瓶应有两个防震圈，瓶帽应紧牢，安全附件要齐全有效。

六、未对员工进行消防培训

1. 危害分析

员工消防知识掌握不足，不懂灭火器的使用，造成不能及时灭火；不懂灭火方法，不仅不能灭火，可能引起人员受伤。

平时不培训，用时方恨晚

用水灭火，造成车辆报废

2. 预防措施

将消防培训的内容纳入职工培训中，对全员进行消防知识培训，内容包括但不限于：有关消防法规、消防安全制度和操作规程，本单位的火灾危险性和防火措施，消防设施、器材的性能和使用方法，报警、初期火灾扑救方法以及自救逃生等应急知识和技能，预案的培训和演练。

用电安全典型违章及对策

电气化产品随处可见，已与我们的生活紧密联系，给我们带来方便的同时，也带来一定的危险，只有按照要求去使用，才能确保安全。

用电安全典型违章核心提示

> 用电检查除隐患，预防为主最关键；
> 懂法依标对规范，范围要点要全面；
> 检查维修不蛮干，上锁挂签才保险；
> 纠偏树正抓重点，安全用电人人管。

一、随意开合电气开关

1. 危害分析

可能他人在进行设备、电气线路检修，或者设备存在故障，在没有详细了解的情况下，随意开合电气开关，可能造成人员触电、机械伤害或者设备损坏。

191

随意扳动开关，极易引发人员触电

2. 预防措施

在开合电气开关前，必须进行启动前检查，确认无人员作业、设备无故障；同时，检修人员应对电气开关进行上锁挂签。

二、检维修作业不进行上锁挂签

1. 危害分析

不进行上锁挂签，他人可能误操作，造成机械伤害，或人员触电。

存在侥幸心理，忽视上锁挂签

2. 预防措施

进行检维修作业，必须切断设备动力，对能量进行隔离，进行上锁挂签；上锁后，应对上锁的安全性和可靠性进行测试、验证；上锁钥匙应专人管理，只有作业人员才能进行解锁或授权解锁。对存在电气危险的，断电后应实施验电或者放电接地试验。

三、违规使用插座

1. 危害分析

禁止生产和销售"万能插座"。万能插座因插孔较大，插座接片与电器插头接触面积过小，容易使接触片过热、短路导致火灾事故的发生，存在严重的安全隐患。一个插座上插入过多的电气设备，或超过插座和电缆线的负荷，造成线路烧坏，引发火灾或人员触电。

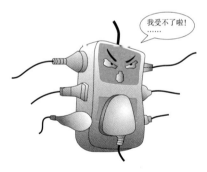

万能插座超负荷易引发火灾

2. 预防措施

采用新五孔插座（新国标产品包装上标注有"按 GB 2099.3—2008 标准生产"字样），"五孔三头"的新国标插座的插头与插座的接触面积更大，接触更紧密，降低了触电隐患。在使用时，应根据插座负荷来带动电气设备，不得超负荷使用。

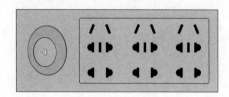

新五孔插座

四、非专业人员随意进行电气作业

1. 危害分析

非专业人员不懂电气原理，甚至一些人员，把安全用电当作儿戏，不懂风险防范，在操作时，不进行安全防护，无任何措施，极易引起设备损坏或人员触电。

不知电气危险，触摸电控箱玩耍

2. 预防措施

（1）经过培训，取得电工作业操作证的专业人员才允许从事安装、维护、测试及检验电气电路及设备的工作；操作时，绝缘等防护措施到位。

（2）电控箱进行上锁管理，专人管理。